U0096095

波音 **787**&**767**

A☆50/Akira Igarashi

VS

KAJI

空中巴士 **A330**&**A340**

全功能中型機躍升天空的主角

人人出版

A☆50/Akira Igarashi

時代與世界
追求的萬能性

Versatile Mid-size Airliner

革新旅遊型態與航空營運模式
新世代客機的先鋒

Boeing787

Airbus A330

承襲A300與A320而來
空中巴士的廣體客機傑作

KAJI

Boeing767

開拓雙發機的未來
萬能中型機的先驅

強化製造商的競爭力
空中巴士第一架長程四發機

Airbus A340

KAJI

Charlie FURUSHO

CONTENTS

2——刊頭寫真
因應時代與世界追求的萬能性

12——改變遊戲規則的787
「中型機」躍進的原因

18——[The History of Versatile Mid-size Airliner 01]
開拓時代前沿的波音
萬能中型雙發機的譜系

24——細部解說
波音787的機械結構

36——幫助ANA朝航空巨擘邁進的萬能中型機
767與ANA的40年

40——為4家航空公司貢獻績效且至今仍為主要現役客機
日本的航空公司選用767的理由

43——為雙機師客機奠定基礎的「高科技客機始祖」
波音767的機械結構

48——從高科技客機始祖到革新性新世代客機
波音787&767衍生機型全面解說

62—— [The History of Versatile Mid-size Airliner 02]
成為空巴飛躍原動力的A330/A340
從證明技術力到確立營運模式

68——細部解說
空巴A330neo的機械結構

80——引進走在時代尖端的高科技
空巴A330&A340衍生機型全面解說

92——廣體機（767）和窄體機（757）、雙發機（A330）和四發機（A340）
顛覆客機開發常識「超凡出色的姐妹機」

95——隸屬於日本的航空公司的
波音767/787、空巴A330全機名冊

131——空巴A330/A340 vs 波音767/787
饒富趣味的「全功能中型機外傳」

Charlie FURUSHO

Boeing787

A☆50/Akira Igarashi

Boeing767

KAJI

改變遊戲規則的787
對應多種航線特性的萬能性
「中型機」躍進的原因

自從擁有高度經濟性與續航力的波音787問世之後，中型噴射機給人的印象，
就是不論在國際航線或國內航線，都佔據著客機界的主角地位。
787即使沒有主航線那樣的需求也能執飛，
適合各式各樣的航線，展現出全方位的活躍性。
競爭對手空中巴士也開發出A330投入這個等級的市場，
今後中型機的存在感似乎會越來越高。
以往，中型機只不過是配角，
為什麼會變得如此受到航空公司的支持呢？

文= 阿施光南

Airbus A330

A☆50/Akira Igarashi

Airbus A340

Charlie FURUSHO

13

707是波音第一代噴射客機。座位數和現代的小型機差不多，但是在當時被
分類為大型機。

隨時代演變的
「大型、中型、小型」定義

2011年秋季，ANA領先全球啟航波音787，從而改變了航空業界的遊戲規則。藉此契機，原本在各方面都被大型機掩蓋光芒的中型機，終於揚眉吐氣，沐浴在前所未有的榮光之中。

現在談到中型機，一般是指200～300座等級的客機。大型、中型、小型的尺度始終隨著時代而改變，並沒有嚴格的定義。例如，波音最初的噴射機707只有單一艙等共174座，在當時也號稱大型機。以座位數來說，接近現代的小型機（波音737或空巴A320），但之前的葉片螺旋槳客機道格拉斯（Douglas）DC-7或洛克希德超級星座式（Lockheed Super Constellation）只有100座，所以在當時確實可以算是相當大的客機。

即便如此，707並未被稱為「巨型機」，因為當時已經有更大的飛機在飛行。例如，遠比707更早之前就已經投入實戰的轟炸機B-52，不僅尺寸比707大，最大起飛重量更將近707的2倍。

此外，707的競爭對手道格拉斯DC-8，當初也是單一艙等177座，這樣的大小應該符合當時的市場吧！不過，

和767一起將操縱系統數位化，成為高科技客機先驅的757（上）和空巴A310（下）。767和757是機身直徑不同，但駕駛艙共通的姐妹機。

波音787使航空公司在開設航線之際的選項大幅增加。由於它的優異適用性,使日本的航空公司持續擴大引進。

Charlie FURUSHO

以往只能依賴四發機或大型機執飛的長程航線,波音787也能勝任,藉此改變了遊戲規則。

後來道格拉斯DC-8為了配合航空需求的提升,加長機身,並將座位數增加到249座。而相對地,707因為起落架較短,若加長機身,在起飛降落之際拉起機頭時,機身會摩擦地面,因此無法與之抗衡。這也是後來開發出座位數一口氣增為2倍以上的747「巨無霸客機」(Jumbo Jet)的遠因。

不過,747雖然完工出廠,但能讓其巨大客艙滿座的航線並不多,較小的客機反而更好運用。因此,雖然道格拉斯開發了DC-10、洛克希德開發了三星式、空巴也開發了A300,但比起707或DC-8都還不至於大太多。可是由於707和DC-8的燃油效能低、噪音又大,沒有道理一直飛下去,之後便開發出200～250座等級的空巴A310、波音757,以及波音767。這些就是新時代的中型機。

數位化的新時代中型機
3個機型各不相同的機身直徑

A310和757、767都是在1981年至1982年期間首次飛行的同世代客機,共同之處都是「首次真正地把系統數位化的雙發機」。不過,機身直徑大不相同。

客機的機身可大致分為客艙有2條走道的廣體客機,與只有1條走道的窄體客機。A310採用和A300相同機身剖面的廣體,757則採用和707相同客艙剖面的窄體。有的採用較短的廣體,有的採用較長的窄體,兩種方式並行不悖,這就是中型機的特徵。兩種方式各有優缺點,A310作為這種等級的客機,空氣阻力比較大。另一方面,757的機身較長卻只有一條走道,乘客上下飛機比較費時,而且下方的機腹貨艙不容易堆放貨櫃。

為了追求「恰到好處的大小」,於是767誕生了。若比較這3個機型,A310有如變形玩具一樣短胖,767形似鉛筆般細長,而767則不會給人奇怪的感覺。有時會將這樣的機身直徑稱為半廣

A☆50/Akira Igarashi

半廣體客機767介於窄體波音757和廣體但機身較短的空巴A310之間。雖然有在貨櫃等方面不好用的缺點，但在日本仍然廣受喜愛。

體，以便和其他廣體有所區別。

不過，半廣體也有缺點。例如，廣體用的標準貨櫃LD-3，757無法和其他廣體飛機一樣裝載2排。如果只裝載1排，則會浪費太多空間無法使用。雖然也做出適合767機腹貨艙的貨櫃，但這種貨櫃很難和其他飛機通用。

還有，細長的機身有2條走道，導致座位（亦即用於產生收益的空間）的比例縮小。或許因為這些缺點，除了767之外，製造商沒有再打造出其他半廣體客機。即使號稱767後繼機型的787，也只是把機身加寬，使機腹貨艙能堆放2排LD-3貨櫃。此外，空巴並沒有製造A310的後繼機型，而是集中精力推出稍微加長的A330/A340。另一方面，針對以往由757擔綱的窄體中型機市場，

空巴開發出A321neo，波音開發出737-10（MAX），而且機師執照等都和小型機通用。也就是說，現代的「中型機」更進一步稍微大型化了。

藉由延長航程
增加航空公司的航線選擇

文章標題指稱787是改變遊戲規則的機型，不僅燃油效能高，經濟性高，儘管只是中型雙發機卻有在全球主要都市之間幾乎都能直接飛抵的續航能力。在這之前，能從日本直達歐洲及美國東岸不著陸飛航（nonstop flight）的客機，只限於747-400及A340這類四發機，或雖是雙發機但較大型的777長程型（ER/LR）客機等等。787雖然是中型的雙發

空巴開發了長程用的四發機A340和短中程用的雙發機A330，後來由於雙發機的性能和可靠性大幅提升，使得四發機逐漸失去競爭力，最後在沒有推出後繼機型的情況下結束生產。

KAJI

機，卻能獲得同等的航程。也就是說，使用大型機不划算，且以往中型機無法飛行的航線，787卻能派上用場，這使得航空公司在開設航線時增加了許多選項。這樣新增航線進而大幅提升全球的航空需求。

另一方面，早在787問世之前，空巴就已經開發具有長續航能力的中型機。那就是除了發動機數量，其他部分幾乎完全相同的姐妹機A330和A340。其中，四發動機的A340比較不必擔心發動機故障時的麻煩，所以用於長程航線，雙發動機的A330則用於中程航線。事實上，A330也具有在日本與歐洲之間不著陸飛航的續航能力。不過，開發時期與787有大約20年的差距，競爭力無法相提並論。

為此，空巴新開發出A350。不過，與其說是用於對抗787，不如說是用來對抗777的大型機。另外已經使用A330的航空公司也大聲疾呼，希望開發出能使用和A330相同的證照來駕駛（亦即訓練負擔較小）的客機。因此，空巴中止A350家族短小機型（A350-800）的

開發，轉而在A330引進與787同等級的發動機及先進技術，開發出A330neo。

由於787和A330neo的問世，使得767完全失去新款客機的競爭力。但另一方面，由於它具有「恰到好處的大小」，以及容易改造的金屬構造，所以被拿來作為以美國空軍為核心的新世代空中加油機基礎機，仍然繼續生產。

Airbus

空巴的新銳中型機A330neo。原本為了對抗波音787而開發的機型是A350，但現今的市場就機體尺寸而言，A330neo才是競爭機型。

開拓時代前沿的波音

萬能中型雙發機的譜系

中型廣體雙發機可以說是現代客機的主角，
而在波音所推出的歷代機型之中，銷售最好的是767和787。
雖然兩者共通之處是分別在超音速客機計畫及音速巡航機計畫受挫之後開發而成，
但無非是為了因應航空公司對高效率客機的強烈需求。
這2個機型都是名留青史的劃時代先進客機，值得特別介紹。

文＝內藤雷太　相片＝波音、查理古庄、深澤明

從SST和YX的計畫受挫
到國際合作開發767

　　1982年開始運航的767和2011年開始運航的787有兩個共通點：都是泛用性極高的暢銷中型雙發機，以及一般認為保守的波音意圖打破傳統的先進高科技客機。

　　自詡高科技創新者追趕波音的空巴，和強固業界信賴度為後盾而迎戰的波音，展開了一場形象戰。在這場戰爭如果談到高科技，一般都認為空巴比較強。不過，這兩個機型上市的時期，適逢航空市場的大轉換期，若回顧當時的情景，767、787的問世似乎為業界指明了方向。這兩個機型是業界領導者波音在時代的轉換期為了摸索出路，深思熟慮之後向業界提出的答案。給人樸實牢靠印象的767和華麗登場的787，在這點上都扮演著重要的角色。

　　誠如文章開頭所言，第一架波音767是在1982年由啟動客戶（launch customer）聯合航空首次投入運航。767的強力對手是稍後問世的A330/A340姐妹機，一般人往往只注意到A330/A340是同時開發的機型，卻忽略了767也有姐妹機，那就是作為727後繼機型而開發的757。這兩個機型在共享許多設計的情況下同時進行開發。不過基本上一個是廣體，一個是窄體，所以無法像A330/A340除了發動機數量之外，其他部分幾乎都相同，達到極度的共通化。

　　回顧767的開發過程，可追溯到1971年波音和義大利航空公司合作發起一項低噪音短程客機計畫（Quiet Short Haul aircraft, QSH）。QSH是運用當時最尖端的高旁通比渦扇發動機，以獲得高度安靜性的短程小型機開發計畫。由於這項QSH並未獲得當時航空公司的支持，所以波音把這項計畫改為開發200座左右的中程客機（命名為7X7）而繼續推動。可是在當時，波音原本傾力開發的超音速客機（Supersonic Transport, SST）國家計畫，因日漸活躍的地球環境保護運動而被迫中止。這個國家計畫的中止導致波音蒙受巨大損失，但寄予厚望的747才剛投入市場，未能獲取足夠的利潤。在這個狀況下，波音陷入了資金窘迫的困境。為了尋求開發7X7的

財源,波音找上了日本。日本當時正在研議國產小型三發噴射客機YX,以作為YS-11的後繼機型。波音為了吸引日本挹注資金,把YX和7X7整合為三個國家共同推行的合作案,送交日本研議。當時日本因為YS-11事業的巨額虧損而造成嚴重問題,於是決定放棄以往自主國產開發的大方針,轉為國際合作開發,加入7X7的開發事業。7X7就是後來的767。

767開發案開始成形之際,正值DC-10、L-1011、A300等第一代廣體客機一齊登場,催生廣體客機這個新市場的時期。但波音正致力於開發SST和747,並沒有準備好要投入廣體客機的市場。儘管747也是廣體客機,但它是長程航線專用的超大型機,自始就是獨樹一幟,並非企圖投入新市場的機型。因此,波音必須開發新的廣體客機。

在當時,美國航空、聯合航空、達美航空等北美主要航空公司,十分期待國內航線用的雙發廣體客機能夠提高經濟性,對7X7的發展都抱持著殷切的期盼。1978年8月,聯合航空把7X7和A300做過研究比較之後,選定了7X7,下單採購30架,並保留選擇權37架,7X7和7N7的同步開發因而獲得認可,767/757開始同步進行開發。在聯合航空下單之後,美國航空和達美航空也相繼下單,使得767的前景一片看好。

站在追趕立場的波音研究第一代廣體客機後,確立了767的細部規格。當時全球剛剛經歷了第一次石油危機,航空公司對燃油效能和經濟性最有興趣。針對這點,由於第一代廣體客機是在第一次石油危機之前設計的機型,因此較晚開發雙發廣體客機的波音反而較有優勢。波音透過開發747,對高旁通比渦

波音767(左)雖然是半廣體客機,但當初是作為窄體客機波音757(右)的姐妹機而開發。啟動客戶是聯合航空。

扇發動機已有相當的把握,因此採用能將高旁通比發動機的性能發揮到最大限度的雙發動機形式,以求實現高燃油效能、高經濟性。此外,在機身的尺寸上,波音考察前面3個機型之後,為了更加減少空氣阻力以求提高燃油效能,設計成比其他公司稍微細長的半廣體機身。這個選擇固然成為767的特徵,但也產生對後續商業競爭具有不良影響的幾項缺點。開發初期,研擬了標準型767-200、長程規格的767-200ER、機身加長型767-300這3個版本,並且率先從767-200著手開發。在研議階段,也曾經提出短機身型767-100,但因為沒有獲得任何訂單而中止。

第一個採用玻璃駕駛艙的客機因ETOPS放寬而銷售好轉

依照計畫,767和757的設計要盡可能做到最大程度的共通化,因此兩個機型具有共同的電子裝置、與操縱有關的設計,主要包括輔助動力裝置(auxiliary power unit, APU)、駕駛艙設計、航空電子控制系統等等。767號稱高科技客

波音767先進的玻璃化駕駛艙與757共通，所以機師的飛行執照也通用，這在當時是劃時代的創舉。

機，引進了電腦和數位裝置、利用6個CRT（cathode ray tube，陰極射線管）螢幕進行資訊整合顯示等等當時最先進的電子系統，向大致同一時期進行開發的競爭對手A310叫板的意味濃厚。767、757和競爭對手A310都是領先全球採用玻璃駕駛艙的客機，而且都實現了高度的飛航自動化，成功地大幅減輕機師的負擔。藉此，767和A310成為最早獲得許可雙機師駕駛的廣體客機，因而得以節省人力。此外，設置同款駕駛

艙的767和757，機師的飛行執照可以互通，也是一大特點。

相對於運用高科技駕駛艙及控制系統，機身構造卻相當堅實而傳統。作為波音第一架雙發廣體客機設計而成的767，機身直徑只有5.03公尺，不但比約6公尺的雙發廣體客機更窄，也低於直接競爭對手A300/A310的5.64公尺。波音的目標在於減輕空氣阻力以求提高燃油效能，因此大膽採用這樣的尺寸。然而在廣體客機之中，只有767採用這樣的尺寸，因此雖然有雙走道，但嚴格來說並不能稱為廣體客機，應該歸類為半廣體客機。稍窄的機身影響反應在客艙和機腹貨艙，A300/A310等一般的廣體客機客艙可以採取2-4-2的標準座位配置，767只能採取2-3-2的7座式變通配置。同樣地，在地板下方的機腹貨艙，其他廣體客機能夠堆放2排標準航空貨櫃LD-3，767只能堆放1排。若要充分運用機腹貨艙，就必須使用專為767設計的航空貨櫃LD-2，不太方便。

主翼設計也相當保守，A310的主翼控制已經全面更改為線傳飛控（fly-by-wire, FBW），而767的主翼只有一部分引進線傳飛控。當然，機身的操縱系統也是傳統的機械式。相反地，倒是很注重第一次石油危機之後越來越受到重視的燃油效能。發動機從一開始就選擇最新的高出力、高燃油效能的高旁通比渦扇發動機，可以使用奇異（General Electric）的CF6-80、普惠（Pratt & Whitney）的JT9D、勞斯萊斯（Rolls-Royce）的RB211這3種發動機。

依此開發出來的767-200，於1981年9月順利完成首次飛行，1982年6月起開始投入聯合航空的定期運航。不過，後來的銷售情況不如預期，使波音非常苦

惱。尤其是因為707和747而與波音有密切關係的最大客戶泛美航空選擇了競爭對手A300/A310，更是帶來一大打擊。泛美航空如果使用747和767組成大型機隊的話，裝載貨物的LD-3貨櫃將很難在這兩個機型之間通用，沒有理由選擇767。波音試圖挽回頹勢，於是著手開發第二個版本，亦即航程加長型767-200ER。但是這個版本也沒有奏效，銷售情況依然疲軟不振。

直到後來，這個狀況終於因為ETOPS（Extended-range Twin-engine Operational Performance Standards，雙發動機延程飛行操作標準）的逐步放寬而獲得緩慢但重要的變化。眾航空公司無法忽視767（和A310）的經濟性，紛紛開闢各種ETOPS航線，其中也包括能夠符合ETOPS限制的海上飛行。FAA（美國聯邦航空總署）於是參考這些運航績效，階段性地拉長ETOPS的限制時間。1985年延長至120分鐘，767和A310是最早獲得ETOPS-120許可的雙發廣體客機。依據ETOPS-120，767得以投入海上航線，在美國航空自由化政策的支持下，開始投入日漸活躍的橫越大西洋航線。767-200ER具有酬載略小、低油耗、航程長的特點，飛行國際航線也能帶來最高的經濟效益。接著，1989年時767的ETOPS延長到180分鐘，使得767成為大西洋航線的主力機型。剛問世時無從發揮的高航程優異性能，因ETOPS放寬限制而大放異彩，讓767就此銷售長紅，一躍成為波音的銷售冠軍。這個日本首次參與國際合作共同開發的機型在日本國內也廣受歡迎，ANA和JAL都大量採購投入運航。在貨機和軍用飛機方面，767也受到重用。767直到2024年仍在持續生產，總生產架數在2023年5月達到1276架，數字迄今仍在繼續增加中。

對新世代客機的判斷猶豫未決
先進技術滿載的高效率中型機

繼767之後登場的777大肆活躍，把長程航線中殘存的四發機逐出市場。但是，只有自登場之初即藉由特殊尺寸和續航性能而單獨形成一個市場的747，能在巨大變化之中，依然持續稱霸超大型長程四發機的市場。在這段時期間，1996年空巴發表了超級巨無霸客機A380的開發案，再度引起業界的騷動。在廣體客機、窄體客機的發展上，空巴快速成長與波音並駕齊驅，有時甚至凌駕波音之上，但遲遲未能介入波音所獨占，也就是747的市場。空巴也好，甚至波音本身也好，對於這個市場是否足夠容納747以外的第二個機型，始終猶豫未決。不過波音在前一年把777推上市場，造成雙發廣體客機的競爭更加激烈。空巴似乎認定長年持續鎖定的747市場，一決勝負的時機點就是這個時候。

當時空巴所秉持的航線展開論是軸輻

波音開發777成功之後，打算開發能以接近音速的速度巡航的音速巡航機作為新世代廣體客機，但未能得到航空公司的支持，最後胎死腹中。

787接替音速巡航機成為新世代客機計畫。當初的機型名稱是7E7，而且在發布的想像圖中，是比實際的787更流線形的近未來樣貌。

式（hub and spoke）。利用長程大型機連結兩個地點的大型樞紐機場，一次載運大批旅客，再利用短中程雙發廣體客機或窄體客機，把小批旅客從樞紐機場分別運送到各地的小機場。空巴主張未來的市場將朝這個方向進行。相對地，利用泛用性、彈性較高的客機直接連結各個機場，逐步展開航線而成為網狀架構，稱為點對點系統（point to point）。雙發廣體客機就是這種航線的台柱。

面對空巴著手開發A380的挑戰，猶豫未決的波音開始慌了。一開始，想要推行747的近代化大型版本來測試市場的反應，但因沒有獲得回響致使這個計畫胎死腹中。接著，波音宣布即將開發音速巡航機（sonic cruiser），這是以接近音速的跨音速（transonic）載送大量旅客的新世代客機。波音宣稱航空市場在新世代的需求，已經從大量運輸轉移到縮短時間。雖然外觀有如科幻電影一般，吸引了業界注目，並引起熱烈話題，但大家都懷疑波音的認真程度。再加上在發表的第二年，美國同時發生多起恐怖攻擊事件，導致航空市場景氣下

滑，航空公司轉而比往昔更重視經濟性，波音只好把這個計畫黯然下架。

波音在短暫的沉寂之後，隨即於2003年宣布開發新世代的中型雙發廣體客機7E7，作為767的後繼機型。7E7不僅外觀充滿不遜於音速巡航機的未來感，內在更是令人驚豔。在航程、速度、燃油效能等方面全都凌駕767之上，而且滿載尖端科技，採取與一向保守的波音機身迥然不同的挑戰性設計。777的全部機體有10%左右使用複合材料，7E7則一口氣提高到50%，機身、主翼、尾翼等部位使用碳纖維強化塑膠（carbon fiber reinforced plastics, CFRP）製造，成為大型機的第一架複合材料客機。

主翼是利用超級電腦分析的最新航空工程結晶，主要特徵在於採用複合材料所造就的巨大翹曲及無縫連接的斜削式翼尖（raked wingtip）。從致動器類裝置開始，整個機體都採取高度電氣化。同時，這也是日本GS湯淺開發的鋰離子電池第一次運用在客機上。從777進化而來的玻璃駕駛艙內排列著多部大型液晶顯示器（liquid-crystal display, LCD），而抬頭顯示器（head-up display, HUD）也成為標準配備，航行時機師必須攜帶的飛行規則類手冊做成電子飛行包（electronic flight bag, EFB），操縱系統當然也全面採用線傳飛控。

採用CFRP複合材料製造的機身和767不同，設計成5.77公尺的廣體，客艙採取雙走道的2-4-2標準座位配置。這個客艙也納入許多最新技術，例如窗戶大型化、第一次引進的電子遮光板、LED機艙照明、選配的溫水洗淨馬桶等等，藉此大幅提升乘客的舒適度。再來雖然是傳統裝備，但是拜高耐蝕性的CFRP複合材料製機身之賜，讓機艙內的加溼

器成為標準備配。在經濟效益上事關重大的發動機，設定奇異專為787開發的新世代型高旁通比渦扇發動機GEnx，以及勞斯萊斯以RB211為基礎開發的Trent 1000這兩種發動機，可比以往提高20%的燃油效能，並減少排出廢氣。

ANA成為啟動客戶
開發困難但終成銷售冠軍

2003年12月，波音正式宣布7E7的開發計畫。由於充滿高度先進性，招致不少人憂心其開發難度。但另一方面，高度經濟效益也受到航空公司的關切。隔年4月，ANA下單訂購50架，成為第一個客戶。接著，許多航空公司的預購訂單也蜂擁而至。2005年6月在巴黎國際航空展宣布啟動開發作業，命名為波音787夢幻客機（Boeing 787 Dreamliner）。依當時的計畫，將在2007年7月8日首次展示，2008年度進行首次飛行並交付ANA。

787的開發作業採取國際合作的方式，但是比以往的合作開發更進一步，有高達7成的開發製造作業委託美國以外的企業進行。日本有多家航空相關的廠商參與了這項計畫，尤其三菱重工、川崎重工以及富士重工（現在的SUBARU）這三家公司受託負責諸多重要部分，例如三菱重工負責製造主翼等等。事實上，787的製造有35%是由日本的企業負責。

然而開發作業啟動之後，由於參與這項國際合作開發計畫的企業超過70家，產生很大的問題。787開發計畫為了做好品質管理，準備工作相當繁雜，一開始就不順利，導致計畫一再延遲。雖然波音依照預定進度在2007年7月8日把

實際尚未完成的機身做了首次展示，但正如當初所擔心的，以CFRP複合材料製機體結構為中心的先進技術開發作業，遠比預期還要費時，導致進度大幅延遲。原本計畫在2008年實施的首次飛行，拖到2009年12月才完成，直到2011年9月25日才交付第一架給ANA。

儘管如此，在ANA開始把787投入運航之後，因開發延遲而下降的訂單數開始急速回升，787在一瞬間變成超級熱銷的機型。自新冠疫情結束之後的2022年起，波音的訂單數又開始增加，到了2023年5月已經超過2000架，來到2086架。而787-8、787-9、787-10等所有衍生版本也達到1054架。

787開發計畫為了追求先進性和革新性，歷經了重重困難，但努力的結果終於得到回報，而且直到投入運航後經過十多年的今天，仍無損它的先進性。照這個情況來看，787的前景依舊一片大好吧！

為了配合「787」，特地選在2007年7月8日（美式記法為7/8/'07）做首次展示。但實際上，當時機身處於尚未完成的狀態，距離首次飛行還需要2年以上，開發作業可謂困難重重。

▌細部解說
波音787的
機械結構

相片與文＝
阿施光南（特記除外）

以往的客機如協和號及波音747巨無霸客機，不斷追求高速化和大型化。

但是，由於石油價格高漲、氣候變遷日趨嚴重等因素，

現在轉為追求燃油效能高、有害排出物更少的高效率、高環保機體。

因應這樣的時代需求而登場的機型，就是波音787。

787從首次飛行到現在已有十多年，至今仍然沒有失去新世代客機的光芒。

原因就在於它的機體處處運用了劃時代的尖端科技。

■ 最後組裝線

在各個國家組裝的半完成組件，會送到787的最後組裝線，組裝成為一架飛機。最後組裝線原本位於西雅圖近郊的埃弗里特（Everett）工廠，現在轉到位於南卡羅萊納州的北查爾斯頓（North Charleston）新工廠。

■ 787大型組件的運送

在日本名古屋地區製造的機身及主翼，從中部國際機場利用專用運輸機波音747夢幻貨機空運到美國。這種貨機是二手的747-400改裝而成，不但加大了機身的寬度和長度，而且包括機翼在內的機身後段能夠朝橫向開啟，以便載運大型貨物。

■ 787-9和787-8

前方為ANA的787-9（裝配GEnx-1B發動機），遠側為ANA的787-8（裝配Trent 1000發動機）。截至2023年5月，ANA擁有79架787，預定到2030年度增加到100架以上。JAL也有51架，JAL集團的廉價航空公司ZIPAIR也有6架787在營運中。787是為長程飛行而生產，但是在東京～大阪這樣的短程航線卻能搭到，這在世界各國並不常見。

開發概念
運用高速客機的技術以求提升經濟性

2000年12月，空巴正式啟動超大型機A380的開發計畫。以往波音總是宣稱「如果空巴開發A380的話，我們也能立刻推出747的改良型與之對抗。」但後來推出的新機型並不是747的改良型，而是稱為音速巡航機的中型高速客機（後來波音開發了大型的747-8，但這是又過了幾年後的事情）。

不過，音速巡航機並不是像協和號（Concorde）那樣的超音速客機，而是以接近音速的速度飛行的計畫。使用大型機連結稱為樞紐的大型機場，再把旅客從樞紐機場轉送到最終目的地，這種運送模式稱為「軸輻式」，A380和747便是這種模式為核心的客機。音速巡航機則是採行「點對點式」的運送模式，不經由樞紐機場，而是高速直接飛到目的地，以求達到便利性。

不過，音速巡航機計畫並沒有得到絕大多數航空公司的支持，因為高速飛行會消耗較多燃料，提高經營成本。而

■ 複合材料機身

機身由使用碳纖維的複合材料（CFRP）製成，從最初的階段就做成圓筒形，再連接在一起。2號門（相片中的左側）的前方有窗戶中斷連續的部分，這裡是組件的連接處，機身後方的連接處同樣也有窗戶被中斷而沒有連續。

■ 大型駕駛艙窗戶

駕駛艙的窗戶不能開啟，所以髒汙時必須利用高空作業車進行清掃。為了預防沒有高空作業車的情況，ANA特地向波音要求了洗窗機。順帶一提，787的擋風玻璃在客機之中是最大的，比對一下清理人員，即可得知它的巨大。

■ 機頭的形狀

沒有高低差的平滑機頭不僅能減少空氣阻力，也有助於降低駕駛艙的噪音。就連雨刷也考慮到空氣阻力而停放在垂直位置。大多數客機的駕駛艙窗戶由6片組成，相對地，787由4片組成，這也是一大特點。天花板裝設有緊急出口。

■ 氣象雷達和雷達罩

機頭的雷達罩直徑2.2公尺，由使用石英玻璃纖維的強化塑膠（QFRP）製成，可朝上方開啟。內部不加壓，裝配氣象雷達（中央的盤狀物件）和儀器降落系統（ILS）用的航向台天線（上）及滑降台天線（下）。

且，音速巡航機的速度比起以往的飛機（0.8馬赫以上）只提高了1～2成左右，並沒有縮短多少時間，例如從東京飛到紐約只是從13個小時縮短到10個多小時而已，並不具備吸引力。

為此，波音改變策略方針，提出了7E7計畫，雖然依舊採取「點對點」的運送模式，但更重視經濟性，而不強調速度。這項迅速因應的措施做了重大的改變，為研究音速巡航機而使用複合材料機體、空氣阻力較小的形狀、系統大幅電氣化等，對提高燃油效能提供了不少幫助。ANA領先全球下單訂購50架成為啟動客戶，於是7E7正式命名為

■ 機腹貨艙

機腹貨艙配備170公分高、269公分寬的艙門,以787-8來說,前後共可裝載28個LD-3貨櫃。最大載重約為41.4公噸,後方的散裝貨艙可以裝載大約2.7公噸的貨物。這個裝載量將近737-800BCF(專用貨機)的2倍,在新冠肺炎疫情期間也經常當作貨機使用。

■ 加壓空調用的進氣口

絕大多數客機都是使用從發動機抽取的旁通空氣來為機艙加壓,但787則使用電動壓縮機,所以用於機艙加壓的進氣口(相片下方的突出處)設置在主翼根部附近。其上方凹陷的進氣口則是供氣給熱交換機,用於調整壓縮的溫度。

■ 防撞燈

裝配在機身下方的防撞燈(anti-collision light, ACL),和裝配在機身上方的防撞燈一起閃紅光。不是使用電燈泡,而是LED,閃滅的速度比以往客機慢。除此之外,787的翼尖燈等幾乎全部的燈都改為LED。

■ 緊急出口

機身兩側各有4個大型的A型緊急出口,每個門扇都利用巨大的機械臂往外側前方開啟(亦即從機內看去,左右兩側開啟的方向不同)。此外,緊急出口下方收納著緊急逃生用的滑道套件(相片中可看到拿掉塑膠蓋而露出的黃色套件)。

「787」,進行開發作業。

機體尺寸和材料
機身和767差不多長但較寬

787有3種不同機身長度的機型。最初生產的787-8全長56.7公尺,和767-300(54.9公尺)差不多,可是機身寬度從5.03公尺加寬到5.77公尺,所以能和其他廣體客機一樣,在機腹貨艙裝載2排LD-3貨櫃。

機體的一大特徵在於並非由傳統的金屬(鋁合金等)構成,而是使用複合材料(碳纖維強化塑膠=CFRP等)。CFRP的優點是比鋁合金輕盈且堅固,可以做到機體輕量化且不會腐蝕(生鏽),更容易維護。金屬機體在每隔幾年做一次大修時必須刮除塗裝,仔細檢查各個部位有沒有銹蝕,耗時又費錢。

此外,787在製造階段時各個大型組件可以一體成型,例如,波音777的機身要用許多片金屬板貼合成圓筒型,但787從一開始就能直接做成筒狀。不過由於沒有接合的部分,能夠進一步輕量化的同時,也有必須解決的問題。日本都有參與製造777和787的機身,但777

■ 襟翼機構整流片

裝配在主翼下方的流線型突起物，是用於包覆襟翼及舵的動作機構的整流片。747-400等機型裝配複雜的三段式縫襟翼，787的襟翼則是配備簡單的單節式，所以動作機構也比較緻密，可以減小重量、空氣阻力及噪音。

■ 主翼後緣部

降落時的主翼後緣。兩片巨大的白色襟翼處於下降的位置，夾在該處的襟副翼（與襟翼連動而下降）在觸地的時候朝上，連同主翼上方的擾流板（空氣制動器）一起增大空氣阻力。此外，靠近翼尖的副翼朝上也正在減少升力。

■ 前緣擾流板

主翼前緣裝配擾流板，和後緣襟翼一起增大升力係數，使飛機能做低速飛行。擾流板在發動機掛架的更內側有1片，更外側有5片。而在擾流板與發動機掛架之間形成的縫隙內，裝設一片小型的克魯格襟翼。

■ 尾翼

尾翼的基本構造全部採用CFRP製造。但這種材料不耐鳥擊等衝擊，所以前緣部分採用金屬製造。此外，垂直尾翼內藏必須配合波長長度的HF（短波）無線電機用的天線（垂直尾翼前緣中央的顏色不同的部分）。

■ APU與水平尾翼

機身後方的無塗裝部分是遮蓋APU（輔助動力裝置）的排氣口外殼，採用耐熱的鈦合金製造。APU本體安裝在稍微前方的白色機體內，進氣口位於上方。升降舵為左右各自一體式，但都是由2個系統的油壓系統驅動。

■ 斜削式翼尖

翼尖沒有裝設小翼，而是做成斜削式翼尖，越往翼尖越細，後掠的角度也越大。這樣的設計可使主翼翼展方向的升力分布達到最適當的狀態，減弱在翼尖部分產生的渦旋，以求減少巡航中的阻力。

■ 翼展

787-8的機身長度和767-300差不多，但翼展大了10公尺以上，展弦比（長寬比）也很大。這種形狀有利於減少巡航中的阻力，但是為了在狹小的地區性機場也能運作，曾經考量過翼展51.7公尺（裝設小翼，和767大致相同）的787-3，不過後來中止計畫。

是製成金屬板組件，787則是製成圓筒形組件，由於尺寸太大，難以透過陸地運送。因此波音委託台灣的長榮航太科技把747-400改造成特殊的超大型運輸機「波音747夢幻貨機」，利用空運的方式將大型組件直接運送到美國的最後組裝工廠。

機翼和高升力裝置
巨大的展弦比和簡單的襟翼

787-8和767-300的全長約略相同，但767的全寬為47.6公尺，787則大幅增加到60.1公尺，原因之一在於787希望航程比767更長。為了長程飛行，必須裝載大量燃料，便需要更大的機翼支撐更重的機體。而且油箱設置在靠近重心的主翼，有巨大的主翼才能提供充足的油箱空間。大型機翼比較重，可能會降低燃油效能，不過787的主翼也用CFRP製成，比金屬機翼輕了許多。

此外，787把主翼的展弦比加大，並且把翼尖（翼端）做成往後方斜掠的平面形狀，稱為斜削式翼尖。飛機翼尖部位的空氣，會從壓力較高的下翼面流向壓力較低的上翼面，形成翼尖渦旋，從而增加飛行的阻力。為了減少翼尖渦旋的影響，通常是在翼尖裝設小翼，不過

■ 鋸齒型噴嘴

Trent 1000為了維修而打開蓋板的狀態。特徵是周圍沒有分氣用的粗導管。而且蓋板後端（構成噴嘴）做成波浪狀，藉此使發動機產出的高速排氣與周圍空氣充分混合，能減少噪音。

■ Trent 與GEnx

發動機可以從Trent 1000系列（上）與GEnx-1B系列（下）選用。ANA最初選用Trent 1000，但是從2021年秋季之後，接收的機體和JAL一樣都是裝配GEnx-1B，以防任一種發動機萬一發生什麼不好的狀況時能有個備案。兩種發動機在性能、經濟性方面為同一等級，發動機短艙和發動機掛架的形狀也幾乎相同。

■ 風扇葉片

Trent 1000（上）的風扇直徑285公分，具有複雜弧形的寬葉片由中空的鈦合金製成。GEnx-1B（下）的風扇直徑282公分，葉片由黑色複合材料製成，只有前緣安裝鈦製封蓋。可以依據兩種不同的圖案分辨這兩種發動機。

把展弦比加大並且把翼尖後掠，也能得到相同的效果。另一方面，翼展如果太大，在場地狹小的機場可能會受到限制，因此當初也考量開發縮小翼展並且加裝小翼的787-3。不過，由於787的開發遇到重重難關，波音忙著轉為改良型而無暇顧及此案，況且縮小翼展會降低經濟性，這個計畫只好作罷。

在高升力裝置方面，前緣主要為縫翼，只有在機翼與發動機掛架之間的間隙部分裝配小小的克魯格襟翼（Krueger flap）。後緣為簡單的單縫襟翼，藉著簡化構造以減輕重量，同時也降低空氣動力噪音。位於內側襟翼和外側襟翼之間的全速度副翼裝配與襟翼連

起落架　Landing gear

■ 主起落架

主起落架是4輪轉向架式,支撐機體重量並吸收著陸衝擊的減震支柱,由鈦合金及鋼鐵製成,其下方支撐輪胎的支柱組件為鈦合金製成。起飛後利用油壓往內側折疊,收納在機身內。

■ 前起落架

從前方看到的前起落架,起飛後利用油壓收納在前方。787所使用的油壓從傳統的3000psi提高到5000psi。從上方看到的燈,上面2個是落地燈,下面2個是滑行燈。下方左右兩邊各安裝1個轉向用的致動器。

■ 碟式煞車

主起落架的各個輪胎,都裝設有由輕量碳纖維碟片製成的多重碟式煞車。壓迫碟煞的汽缸從傳統的油壓式改成電氣式,在外觀上,油壓配管等也大幅減少了。不僅能減輕重量,當然也不必擔心漏油。

動而下降的襟副翼,更外側則裝配在低速時動作的副翼。此外,當作空氣制動器使用的擾流板(spoiler),則會在低速時與副翼一起幫助控制翻滾,並且在襟翼放下時稍微下降,使上翼面的線條平順。

發動機和起落架
帶來最大效率的非分氣式

787和以往的同級客機相比,經濟性提高了20%之多。其中,大約5分之2來自發動機效率的提升。空氣動力特性的改善和採用新材料各占約4分之1,其餘來自系統的改進。也就是說,支撐787的高經濟性的最大功臣是發動機。

發動機採用勞斯萊斯的Trent 1000和奇異的GEnx-1B。這兩種發動機都能藉由大旁通比同時獲得極高的出力和燃油效能,發動機本身也成功地輕量化。還有一個特徵是都採用了非分氣式(non bleed air)的設計,而分氣正是導致發

■ 高等艙（ANA 商務艙）

ANA於2021年引進裝配新座椅（座寬56公分、螢幕15.6吋）的豪華經濟艙。裝配同樣規格座椅的777採取2＋3＋2座的配置，787則採取2＋2＋2座的配置。由於大受歡迎，旅客反映不容易預約到，所以增加10座到28座。

■ 普通座（經濟艙）

ANA的國內航線普通座採取3＋3＋3座的配置。座椅為汽車座椅大廠豐田紡織和ANA共同開發的產品。個人用螢幕是號稱「在設計上無法裝配比這更大」的13.3吋。當然，各個座位也都裝設有PC用電源和USB埠。

動機效率低下的原因。以往使用分氣系統為客艙加壓，而787則使用電動壓縮機；為使主翼前緣的防止結冰，787使用的是電熱器。順帶一提，787把以往油壓系統的一部分（例如起落架的煞車）也做了電氣化。

若要做到如此多元功能的電力系統，必須強化發電機。767是每具發動機都裝配一個120kVA的發電機，787則改成裝配兩個250kVA的發電機。而且，這些發電機稱為起動器用發電機（starter generator），也用於啟動發動機。

除此之外，包覆發動機的發動機短艙也有特色，採用把層流範圍拉長的配置，使阻力比傳統機型更小；噴嘴的部分也做成波浪狀的鋸齒型噴嘴（chevron nozzle）以求減輕噪音。

■ 客艙窗

客艙窗的寬度約28公分、高度約47公分，較以往的客機舷窗大上許多（為767的1.3倍左右）。此外，也把塑膠製遮光板改為利用電致變色（electrochromism）的電子遮光板，可以利用窗戶下方的開關調整亮度，最暗可以調到燈光量的1%以下。

■ 艙頂置物櫃

艙頂置物櫃不僅容量很大，開閉用的門鈕也做了新的設計，無論上部或下部，都能以按或拉的方式解開門鎖。此外，客艙的照明採用彩色LED，可因應飛行的各個階段呈現各式各樣色彩。

■ 機組員休息室位置的天花板

長程國際航線的客機上會設置休息空間，讓機組員在此短暫休息。例如A330是設置在機腹貨艙，而機身更寬的787則設置在客艙最前方和最後方的天花板內部。不過，這個部分便無法作為中央座位列的艙頂置物櫃使用。

■緊急出口標誌

緊急出口標誌基本上會併列航空公司所屬國家的語文和英文，而787則使用沒有文字的象形符號（pictogram）表示。機門外側的標誌是傳統的「緊急出口/EXIT」，但對象只限受過訓練的機組員和救難人員。

■ 廁所

廁所可選擇裝設溫水洗淨便座（免治馬桶），不過現在只有日本的航空公司（ANA、JAL、ZIPAIR）採用這個選項。此外，ANA為了防止新冠肺炎疫情的傳染，裝設了不用手碰觸也能開閉的門鈕。

客艙

提高機艙內部氣壓使環境不容易疲累

787的機身寬度為5.77公尺，比競爭對手A330的5.64公尺更寬，所以同樣是一排8個座位的配置，但每個座位的寬度比較大。不過，一排8座式是JAL的國際航線規格，其他都是以9座為標準配置。最具特色的地方是窗戶並非採用塑膠製遮光板，而是使用能以電子方式調整透光量的材料，窗戶的尺寸也加大到傳統客機的1.5倍左右。

此外，787也能把巡航時的機艙內部氣壓，保持在較高的狀態。客機在高度約1萬公尺上空飛行時，空氣相當稀薄，所以要對機艙施加壓力以便維持氣壓。話雖如此，並非與地面完全相同，以往都是維持在標高約2400公尺處的氣壓。雖然這個程度的氣壓對健康來說並沒有問題，但有些人會覺得不舒適。如果把機艙內部氣壓調整到標高1800公

■ 駕駛艙

787的駕駛艙設計比照767，以便讓兩者的飛行執照能夠通用。777裝設6面每邊約20公分的正方形顯示器螢幕，787則裝設5面長約23公分、寬約31公分的長方形顯示器螢幕，因此外觀的差異很大，但顯示的內容基本上相同，操作順序和操作感覺也幾乎相同。

尺，可以讓絕大部分的乘客覺得舒適，但這麼一來，機艙內外的壓力差會變大，機身構造必須更堅固，也就是會變得更重。但是，787使用輕量強固的CFRP製造，能夠大幅提高強度，卻不會增加太多重量。這個效果應該能讓人實際感受到，即使長時間飛行也不太會覺得疲累吧！

駕駛艙
具未來感與777有高度共通性

駕駛客機必須取得各個機型的飛行執照（限定型號），因此需要長達數個月的訓練，這對於機師也好、航空公司也好，都是很大的負擔。因此，787的駕駛艙非常重視與777的共通性，從而獲得有些國家認可的共通證照。

話雖如此，兩個機型的駕駛艙在外觀上卻是大不相同。尤其是主顯示器螢幕，777是6面每邊約20公分的正方形螢幕，787則是5面約23公分×31公分的長方形螢幕。但是，還不只是外觀有差別而已。777各個螢幕分別負責不同的用途，787則能在大型螢幕上分割成若干個畫面顯示不同資訊。這種設計類

■ 抬頭顯示器

波音的客機從737NG開始，把原本列為選配（僅有左座）的抬頭顯示器改為左右兩座都有的標準配備（相片所示為模擬器）。把飛行資訊投影在透明的玻璃面上，讓機師能在觀看外面景物的同時，確認基本的飛行資訊。

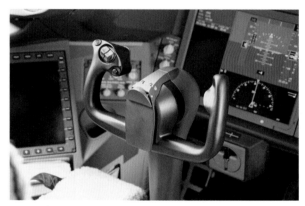

■ 頂置面板

頂置面板設置了燃料、空調、電氣等各種系統的開關，不過，這些系統的監視和控制基本上會自動執行，不太需要額外操作。在機師比較容易操作的前方，則裝設燈光及雨刷等的開關。

■ 操縱盤

空巴的FBW機型裝配側桿，無論舵的位置偏向哪裡，側桿在不操作時都固定在中立位置。787的操縱系統也是採用FBW（線傳飛控），但卻裝配與傳統機型相同的操縱盤，所以包括操舵所需的力道等等，都能和駕駛傳統機型的感覺相同。

似個人電腦的大型螢幕上，並排數個視窗分別顯示不同資訊，習慣之後就不會覺得不協調。而且，787增加了螢幕的總面積，所以能顯示更多資訊。

在操縱特性方面，777和787都採用透過電腦的線傳飛控（FBW）操縱系統，因此能依隨程式擁有相同的操縱感。事實上，駕駛過787的777機師都表示「幾乎相同」。

最大的差異在於787採用抬頭顯示器（HUD）作為標準配備，讓機師能看著正前方的景物，並得知基本的飛行資訊。憑藉共通證照從777轉飛到787的情況，只會進行以兩個機型差異為主的訓練，而在這個訓練之中，運用HUD的飛行會耗費較多時間。

現在已經全部退役的標準型767-200，
之前塗裝為「全日空」的漢字標誌。

幫助ＡＮＡ朝航空巨擘邁進的萬能中型機

767與ANA的40年

ANA從開始引進波音767到2024年，已經超過40週年了。
ANA是全球引進767架數第二多的航空公司。
ANA和767的關係為什麼會這麼好呢？
為了探討其中原因，特地訪問了ANA綜合研究所的阿倍信一會長。
阿倍會長在767的全盛時期，曾經從事座位管理及網路戰略方面的工作，
經驗相當豐富，對各個機型的特徵都十分了解。
從阿倍會長的談話可以得知，在ANA成長為代表日本的航空巨擘之路，
767所提供的貢獻有多麼重大。

照片與文＝阿施光南（特記除外）

「波音767是很好用的客機，尤其234座和288座（引進當初）的大小更是非常好。」說這句話的人，是ANA綜合研究所的阿倍信一會長。阿倍信一會長於1990年1月在所屬的ANA營業本部東京分社旅客部，負責國內航線的座位管理，後來又透過班表編排、收益管理等業務而親身感受到767的好用之處。

1990年是178座的三發機727-200退役，開始引進全世界最新銳747-400的時期。不過，727-200的後繼機型A320（166座）及短程規格的747-400D（569座）還沒有投入運航，ANA的國內航線噴射客機隊伍中，大型機有528座的747SR和341座的洛克希德三星式，小型機有128座的737-200（比現行機型737-800少約50座）。兩者之間就由中型機767來填補。

「747和三星式主要是使用羽田機場起降的主航線，但若要用在地方之間的航線，則體型太過龐大，而且跑道太短的地方機場也不在少數。話雖如此，但若只靠737-200，並無法滿足需求增加以及團體旅客，而767-200的234座大小便恰到好處。當時，在地方航線方面，校外教學旅行之類的團體旅客很多，有767的話就可以充分因應。而且，767還

訪談人物

ANA綜合研究所
阿部 信一　會長

1958年出生
1989年進入ANA之後，在營業部門負責座位管理及班表編排等業務，並於2008年派駐當時投入多架波音767的中國北京分社。2009年就任負責航線策略等業務的企畫室網路策略部部長等職，長年負責需要深度了解「航線與運航機材」相關的業務。其後，歷任ANA首席執行董事、常務執行董事、ANA綜合研究所社長，自2023年4月起擔任現職。

有裝配288座的767-300，基本上是相同的飛機（只有機身長度不同，但機組員及維修人員的執照共通），所以能夠因應需要做彈性置換。」

而且767的起降性能相當優異，和737一樣在不到2000公尺的短跑道就能起降。也就是說，能夠執飛的機場很多。「事實上，就機體重量較輕的國內航線而言，777-200也能在2000公尺跑道（例如富山機場等）起降。但那是指夏季，如果是因積雪、結冰等導致條件趨於惡劣的冬季就不行了。從1998年啟航的A321（191座）也受到這樣的限制，

767當中，特別是標準型767-200，藉著在2000公尺級跑道也能運用無虞的起降性能、因應地方航線的座位數等特點，成為適合眾多航線的機種，因此受到重用。

2011年2月交付給ANA的767-300ER（JA622A）。其實這架飛機是值得紀念的第1000架767，所以特地舉辦首展典禮。這一幕場景象徵著ANA和767的深厚關係。

但若是767，就算在冬季也能運航。就這個意義來說，767不但好用，而且是可以信賴的客機。」

經濟性與貨物的裝載能力
提升了767的戰力價值

ANA從1984～2012年為止約30年間，總共購入了97架767；在1997～1998年期間，採購數量就達到63架。這在當時ANA的機隊中約占4成，可說是最大的勢力。但即便如此，適合767的航線和非767就無法執飛的航線並不少，所以該如何將有限的機數做適當有效的分配，令人相當苦惱。

「為了確保旺季能有最多架可以執飛的客機，有時必須調整定期維護的行程與在下地島辦理機組員實機訓練的行程。當然，767在國際航線也十分活躍，例如，1994年9月關西機場啟用後的2年間，ANA所開設的15條國際航線之中，事實上有11條航線是由767在執飛。」

767不僅大小合適，而且是2名機師

ANA綜合研究所的阿倍信一會長述說著對767的回憶。透過在767全盛時期負責座位管理及航線策略的經驗，對運航機材的特點瞭若指掌。

就能駕駛的雙發機，經濟性也很高。

阿倍表示：「在2000年左右，767是ANA的國際航線的飛機當中，獲利率最高的客機哦！」能夠得到高獲利率，除了燃油效能等的經濟性之外，還有「能裝載許多貨物」這個因素。ANA現在擁有大批專用貨機，不過第一架貨機（767-300F）是在2002年才引進，而第二架、第三架是在又過3年後的2005年才引進。在那之前，都僅利用客機的機腹貨艙做貨物運送，而最大載貨量達到25公噸的767，在這方面也扮演著極其重要的角色。

順帶一提，阿倍會長從2008年2月調任北京，第二年擔任中國統整室總務主管兼北京分社機場所的所長。當時，中國觀光客赴日簽證的條件還相當嚴格，旅客人數十分有限，但儘管如此，中國航線依然能夠獲得極高的利潤，最大的功臣就是貨物運送的增加，和擔綱此項工作的767強大裝載能力。

不過現階段所有的飛機製造商，都沒有計畫開發像767這樣擁有250座左右的新型客機。即使稱為後繼機型的787，其中機身最短的787-8也有335座，相當巨大。另一方面，新引進的A321neo則只有194座，相當嬌小。

「就我個人來說，現在依然覺得767很好用。不過，究竟應該使用哪種客機，必須依據社會情勢及事業計畫等因素而改變。從80年代到90年代期間，羽田機場及成田機場的停機坪數量太少，而且很多地方機場的跑道很短，在這樣的狀況下，767可說是最佳選擇，但到了將來它不見得最合適。不過即使如此，767確實是ANA在這40年來發展成為航空巨擘的大功臣，這個事實是不容否認的。」

停放在成都機場的ANA的767-300ER。阿倍會長不僅有派駐中國的經驗，並且以ANA的執行董事身分負責中國統整部門。在引進787之前，767是中國航線的主角，也是支撐ANA國際航線大幅躍進的機型。

日本的航空公司選用767的理由

Charlie FURUSHO

波音767有高科技客機先驅之稱，
或許也可以說是開拓雙發機全盛時期的機型。
熱愛這個中型機的不是他人，正是日本的航空公司。
767的機身是介於窄體和廣體之間的半廣體，
這個微妙的大小正好符合日本的航空狀況。

文＝IKAROS編輯部

2家新公司相繼引進

　　波音767光是民用型就生產了大約1200架，其中超過一成的165架在日本的航空公司服役。在這之中，ANA包括二手貨機在內，共引進了97架，成為世界最大級的767使用者。此外，日本除了ANA集團和JAL集團這兩家大公司之外，具有廣體客機的營運經驗的航空公司很少，而在航空市場開放後才成立的兩家新公司也引進了767，所以總共有4家公司購買767投入運航，這也是值得一提的事情。由此可見，767是和日本的航空公司極為契合的機型。

　　第一個理由就是日本特殊的機場狀況

及旅客動向。最容易理解的例子是1998年開始營運的天馬航空和AIRDO，現在被視為全服務業者或準全服務業者，但當初以破壞機票價格的策略進入業界，給人的印象接近現今所謂的廉價航空公司（LCC）。以常識而言，經營國內航線或短程國際航線的一般LCC，應該會統一採用容易維持高載客率、飛航成本也比較低廉的波音737，或空巴A320這樣的小型機，以求在急速擴大機隊的同時，也能提高運航的頻度，以便展開「薄利多銷」的營運模式。但是，天馬航空和AIRDO並沒有選擇這個做法。因為作為樞紐的羽田機場沒有充裕的停機坪，當初只能設定當天往返

的航班。如果是其他國家的LCC，往往可以使用具有充裕停機坪的大都市第二機場，但當時日本的首都圈機場，羽田機場以國內航線為主，成田機場則以國際航線為主，有明確的區分，所以兩家公司只能選擇擁擠的羽田機場。

於是兩家新公司便引進一班能載更多乘客（亦即提高營業額）的中型機，也都選擇了767-300ER。不過，兩家公司在航運規模擴大之後，也都引進了小型的波音737。天馬甚至打算把機型統一為737-800，以便積極投入主航線以外的航線。2000年代初期LEQUIOS航空企圖開設以沖繩作為基地的定期航班，也同樣選擇了767-300ER，但可惜的是還沒有啟航就破產了。當時的飛機已經完成塗裝，所以也有人認為，嚴格來說共有3家新公司引進767。附帶一提，這架飛機後來轉給天馬航空改為JA767D在日本的天空飛翔。

總而言之，就是因為航空需求的單極集中化，以及首都圈機場的機能貧弱，使得現代所謂的LCC營運模式難以展開，結果才讓稍微小型的廣體客機767，成為退而求其次的優先選項。

也能因應地方機場的767

另一方面，對於ANA和JAL這兩家大公司而言，767仍然是很好運用的機型。JAL是日本國內繼ANA之後第二家採用767的航空公司，第一架767-200在1985年7月引進，比1996年4月引進第一架777早了10年以上。儘管如此，JAL除了長程國際航線用的777-300ER之外，其他的777都已經替換為787或A350，幾乎全部退役了。相對於此，

ANA集團引進767的架數在全球名列前茅。41年前的1983年，日本引進第一架767的航空公司也是ANA。

767依然有超過25架還在服役中（2023年6月）。

在日本國內航線持續活躍的767之所以會受到如此重用，原因在於航線需要及機楊狀況。根據資料顯示，雖然數據不同，但照以前ANA所發布的數據，777-200的起飛滑行距離為1910公尺，如果考慮到天氣惡劣或雪地等飛航條件不佳的狀況，2000公尺以下的跑道會讓人不太放心；相對地，767-300的起飛滑行距離為1660公尺，2000公尺的跑道對它而言綽綽有餘。在日本國內只具有2000公尺級跑道的地方機場不在少數，在這樣的機場也能穩定執飛的767自然大行其道。

不只跑道，在場地方面也有限制。有些地方機場缺少能讓大型飛機停放的停機埠，或者數量有限（767符合機場飛

JAL是機身加長型767-300的啟動客戶。早先擁有的貨機已經退役，但在2023年5月宣布引進由客機改裝而成的貨機767-300BCF。

AIRDO自1998年啟航以來，一直使用767。第1架和第2架是自行引進，第3架以後則使用ANA轉入的飛機替換機隊陣容。

天馬航空是新航空公司的開疆先鋒。啟航之初使用767執飛，現在則以737為主。

行區等級D級＝翼展36公尺～52公尺，777和787符合E級＝翼展52公尺～65公尺）。因此，定位為767後繼機型的787，曾經提出787-3的開發計畫，打算把翼展縮短成和767相同的尺寸。由於後來787的開發遭逢巨大困難，787-3只有ANA和JAL下單訂購，所以這項計畫中止了。但反過來說，也只有日本的航空公司需要這種翼展和767相同的機體。在引進787已經超過10年的今天，仍然有許多架767在飛航，機場狀況應該也是背景因素之一。

此外，以跑道2000公尺左右的機場而言，載運旅客的需求也比較少，大型機777的容量未免太大了，767會比較符合這種航線的需求。例如，ANA主要投入737-800及A321等小型機到地方航線，但是部分航線如果遇到校外教學旅行之類的團體需求，或是因觀光旺季而需求大增，便會依季節而投入767，以便因應旅客的增加。JAL當然也是採取相同的做法。此外，雖然787是作為767的後繼機型而引進，但實際上，787-8的國內航線規格機是335座，767-300（ER）的國內航線規格機是270座，兩者有65座的差距，並無法把既有的767執飛航線全部用787來取代。

和歐美相比，日本的社會比較不容易取得長期休假。在這個背景之下，導致日本的交通景況包括航空在內有個極大特點，就是旅客的需求往往集中於暑假、元旦假期、黃金週等特定時期，造成觀光客越多的航線，季節變動也越顯著。整年需求不穩定的機場，跑道等設施往往也會變得貧弱，所以就算需求臨時性增加，也很難投入大型機去做因應。對於這樣的機場和航線，767在性能和座位數兩方面都能應付自如。因此，當航空公司在尋求最適合對應這種需求的客機時，767可以說是非常好用的機型。

日本國內航線的旅客會集中在一部分的機場和航線，這在全球來說是相當特殊的現象。以前曾經開發出稱為「日本規格」的短程用巨無霸客機（747SR和747-400D）。前面也有提到，曾經計畫開發縮短翼展的787-3，實際上ANA和JAL也都下單了，可惜最後沒有成功。767未必只是關注日本市場的機型，但引進日本的架數超過全體的一成，採用的航空公司非常多家，而且從首次航行之後歷經40年，迄今仍有許多架現役機在執飛，這些事實在在顯示出它必定契合日本的民航飛機。而且活躍場域並不僅止於客機，也擴及貨機，ANA一直以來都使用767-300F/BCF，現在JAL也宣布將在2024年引進767-300BCF。雖然在客機方面，今後將以老舊飛機為中心逐漸減少數量；但包括貨機在內的767仍將持續活躍好一陣子吧！

波音767的機械結構

相片與文= 阿施光南

飛機構型 〉 Aircraft configurations

現在為人所熟悉的廣體雙發型態當初是波音767首次採用，後來成為波音客機的基本機型。同時開發的757是把駕駛艙和垂直尾翼（但根部截短）共通化，777則是把767的基本型態放大。尤其機頭部分的線條大致依樣沿用。

以高科技客機先驅著稱的波音767，開創了中大型機雙機師駕駛的潮流。
憑藉著良好的起降性能，在跑道較短的地方機場也能飛航，擴展了活躍範圍。
可以說是用優異表現證明中型機乃高潛力的機型！

開發概念
高科技節能的第四代客機

波音從1957年首次飛行的707起，僅僅花了12年的時間，便完成從小型737到超大型747的噴射機隊。儘管如此，它也無法吃下這段期間的所有市場。更何況最大的747和其次的707座位數相差2倍之多。填補這個空隙的機型有洛克希德三星式、道格拉斯DC-10，以及為了對抗空巴A300而生產的767，但直到完成填補為止一共花了12年的時間。因為在這段期間，環繞著客機的環境發生了巨大的變化。

首先，747啟航沒過多久，石油危機襲捲全球，導致客機前所未有地渴求高經濟性。此外，在1970年代，電腦數位科技急速發達，如果利用電腦的話，就算大型機也有可能只需2名機師就能飛航（節省人事費）。不過若要實現這個夢想，則不只技術問題，還有僱用問題等等問題必須解決。需要長達10年以上的時間，才能等到時機成熟的一刻。

機體尺寸與客艙
足以容納300座的半廣體

767的機身是寬度5.03公尺的半廣

客艙內部　Cabin

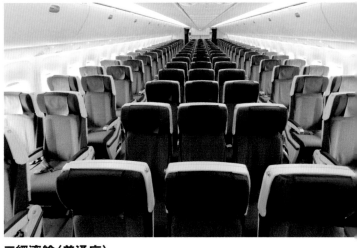

■高等艙

ANA客機的國際航線商務艙/國內航線豪華經濟艙為橫向一排5座位式，中央只有1個座位。或許有不少人會聯想起以前747最前方A區只設置1個座位而廣受歡迎的「船長座」吧！

■經濟艙（普通座）

國際航線經濟艙/國內航線普通座的標準配置為2-3-2的橫向一排7座位式。不靠窗也不靠走道的座位只有中央的1排，可以說是讓乘客感覺相當舒適的配置。不過這種配置有個缺點，就是走道占地板面積的比例比較高。

■艙頂置物櫃

艙頂置物櫃和初期的客艙有很大的不同。不只767，早期廣體客機的艙頂置物櫃都很小，但過去沒有像現在這樣把行李箱帶入機艙內的習慣，所以不成問題。

■廁所

767率先採用吸入式馬桶，把汙物收集到後部某處，藉此提高地面作業的效率。初期曾經發生旅客坐著按下洗淨鈕結果吸住臀部的問題，但是立刻得到改善。

■緊急出口

客艙前後機門為大型的A型，緊急出口滑向上方收納在天花板裡。DC-10和三星式也採用這種門，但在遇到緊急狀況若沒有動力輔助，要用較大的力氣和較高的身材才有辦法打開。

體。這是因為當初設定的目標是200座級的客機，廣體的話太寬了。單就200座來說的話，窄體也可以做到，但如果要對抗三星式和IDC-10的300座級，就失去了發展性。此外，波音在開發767的時候，也在同步開發窄體的姐妹機757，所以在銷售上也有「如果需要窄體請買757」的賣法。

　　客艙的座位標準配置為2＋3＋2的橫向一排7座位式，不受歡迎的「中間座」所占比例比較少。另一方面，半廣體有個缺點，就是無法堆放2排廣體用的LD-3貨櫃。據說就是因為這一點，和波音關係密切的大航空公司泛美航空才沒有引進767。

機翼與發動機
重視經濟性的大面積高展弦比機翼

　　767和以往的噴射客機相比，主翼特

機翼　Wings

■翼上緊急出口與滑道套件

石油危機之後才開發的767，採用更重視經濟性而非高速性的新翼型，厚度也增加了，所以結構上也輕量化了。在每側的機翼上方各配置2個小型出口。逃出主翼之後，利用後方展開的滑道滑到地面。這裡的滑道套件並不是收納在逃生門，而是收藏在機身內部。

■小翼

在2008年，767也備有融合式小翼（blended winglet）的選項。波音航空夥伴（Aviation Partners Boeing）製造，長3.4公尺、寬4.5公尺，翼展單翼加大約1.65公尺，可望提高約5%的燃油效能。

■高升力裝置

高升力裝置是以和襟翼連動而下降的襟副翼為中心，內側為雙縫式，外側為單縫式，更外側裝設低速用的副翼。767-200連1800公尺的跑道也能夠起降。

■尾橇

767-300的機身比767-200長6.4公尺，導致起降之際拉起時，機身與地面的間隔縮小，所以加裝了尾橇（tail skid）。強度比起落架弱，主要目的在於偵測尾部撞擊。

別巨大。例如，767-200相較於三星式，全長短了5.6公尺，翼展卻大了0.3公尺，展弦比也比較大，但後掠角比較小。這種造型更重視經濟性，而不強調速度。

此外，巨大的機翼使飛機能做低速飛行，再搭配大推力發動機，便能夠實現良好的起降性能。這是ANA選用767的一大原因，在跑道不夠長的地方機場也能飛航。代表性的例子是舊廣島機場（後來的廣島西機場），767在只有1800公尺的跑道也能起降自如。

發動機有GE的CF6、P&W的JT9D、勞斯萊斯的RB211這3個選擇，這些原

起落架與發動機　Landing gear & Engine

■ 主起落架

主起落架有4個機輪，每個輪胎都裝設有油壓煞車。初期的機體還有煞車冷卻風扇。減震支柱向後傾以便著地時垂直於地面，而根部則彎曲成「ㄑ」字形以便垂直於機翼。

■ 前起落架

前起落架具有轉向功能。起落架艙的艙門在地面時不會完全關閉，仍留有空隙，但是在離地後，會把起落架收進起落架艙內，這時艙門便會完全關閉，使機身變得平滑。位於更前方的黑窗是給拍攝景象的錄影機使用。

■ 發動機

767的發動機可選用3家公司的產品，但ANA選定已經在747SR/LR上有實績的GE的CF6。現在是使用推力比初期的CF6-80A系列更大的CF6-80C2B6，並且可以利用FADEC做到全數位化控制。

■ ETOPS

ETOPS（雙發動機延程飛行操作標準）是指雙發機若只使用單側發動機飛行，限制最長可以飛行60分鐘，但是在一定的條件下可以放寬。767是世界第一個獲得120分鐘ETOPS許可的客機，後來又擴張到獲得180分鐘ETOPS許可。

本都有裝載於DC-10、747、三星式等等的實績，但在之後的10年間，又做了推力及燃油效能等方面的改善。例如，ANA選用了和747同系列的CF6，但比起747使用的CF6-50，767-200使用的CF6-80A的燃油效能改善了6%，767-300/767-300ER使用的CF6-80C2系列又進一步增加了推力並改善燃油效能。此外，在中途還裝配了以數位方式控制發動機的全權數位發動機控制系統（full authority digital engine control, FADEC）。

駕駛艙
數位技術與飛行管理系統的革新

運用數位技術的767稱為第四代噴射客機。第一代是707等早期的長程噴射

駕駛艙 Cockpit

■ **機師正面儀表板**
在機師的正前方，已經電子化的儀表有EADI和EHSI，EADI後來也能顯示空速資訊。不過，機械式的空速計、高度計、垂直速度表（variometer）等仍然保留。

■ **駕駛艙**
767首次裝配了玻璃駕駛艙，但仍然保留許多和競爭對手A310一樣的機械式儀表，成為混合式。不過，系統的監視和控制都採取自動化，雖然是廣體客機，但只需2名機師就能飛航。

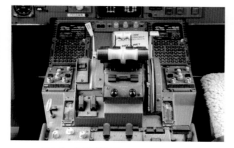

■ **中央操縱台**
中央操縱台以推力操縱桿中心，左右兩側配備CDU，用來與FMS交換資訊。現在已更新為功能更多的MCDU（multipurpose control and display unit，多功能控制顯示單元）。紅色推力操縱桿表示它是有裝配FADEC的客機。

客機，第二代是卡拉維爾（Caravelle）等中短程客機，第三代則是747等廣體客機。

以往由飛航工程師（flight engineer，FE）執行系統監視及操作，但已經可利用數位技術自動化，因此只需2名機師就能飛航。系統的狀況只需在必要時顯示出來即可，所以引進使用CRT的電子顯示器，把綜合發動機相關資訊及注意警告資訊的系統資訊顯示在2個EICAS（engine-indicating and crew-alerting system，發動機顯示和機組警告系統）上。

關於操縱用的儀器，大多仍然保留機械式，不過姿態方向指示器和水平狀況指示器則已經電子化，改成電子姿態方向指示器（EADI）和電子水平狀況指示器（EHSI），EADI後來也能顯示空速（air speed）。這些儀器更進一步發展成為主飛行顯示器（primary flight display，PFD）和導航顯示器（navigational display，ND）。

藉由數位化，能把以往各自分散的系統整合起來進行控制，而767的一大特點是裝配了FMS（flight management system，飛航管理系統）作為控制中樞。有了這個就能把自動駕駛、自動節流閥（autothrottle）、導航裝置等做一元化管理，從而達到最合適的飛行。此外，也首次安裝了CDU（control display unit，控制顯示器單元），讓機師用來輸入或讀取FMS的資訊。

A☆50/Akira Igarashi

新舊全功能中型機的血脈
波音787&767
衍生機型全面解說

從高科技客機始祖到革新性新世代客機

波音767被有些人定位為高科技客機的始祖，
使用大量複合材料的波音787則為客機帶來了革命性的進化。
這兩個機型無論機體尺寸、開發年代都不相同，
但都是能夠適應各式各樣航線特性的萬能中型機，
因而獲得航空公司的大力支持。為了讓航空公司更方便使用，
這兩個機型都分別開發出機身加長型、長程型等衍生機型。

文=久保真人

A☆50/Akira Igarashi

波音 ７８７

長程航線的運航形態自2010年代以後，逐漸從長程用大型機和短程用小型機組合的軸輻式，轉變成使用長程用中型機的點對點系統。這個轉變的原動力就來自波音787。這種雙發廣體客機的機體結構材料全面採用雖然輕盈但堅固，而且疲勞強度（fatigue strength）也很高的CFRP（碳纖維強化塑膠），實現了輕量化和耐腐蝕性。此外，它還搭配在油耗、噪音、廢氣排放等方面一再精進的新世代發動機，使得燃料消耗量比傳統機型減少了20～25%。藉此成為第一架航程超過13000公里的250座級雙發機，讓以往不符合成本效益的長程中需求航線可以直達，從而改變了航空業界的遊戲規則。

787 規格

	787-8	787-9	787-10
全寬	60.12m	←	←
全長	56.72m	62.81m	68.28m
全高	16.92m	17.02m	←
機翼面積	324.2㎡	←	←
發動機型式(推力)*	Trent1000C(31,660kg) GEnx-1B70(32,800kg)	Trent1000-K2(33,480kg) GEnx-1B74/75/P2(34,790kg)	Trent1000-TEN(34,470kg) GEnx-1B76(34,520kg)
最大起飛重量	227,930kg	254,692kg	254,011kg
最大降落重量	172,000kg	193,300kg	202,000kg
空重	161,000 kg	181,000 kg	193,000 kg
最大燃油容量	126,206ℓ	126,372ℓ	←
最大巡航速度	M0.90	←	←
航程	13,620km	14,140km	11,910km
標準座位數(2級)	248	293	336
首航年度	2011	2014	2018

*代表性的發動機型式

787-8
時代所追求的新世代廣體客機基本型

波音在1990年代中期開始構思比747-400更大的新機型開發計畫。當時空巴正如火如荼地開發雙層構造的A3XX（2000年12月19日推出A380），然而超大型機的市場不足以讓2個機型共存，所以波音放棄了開發新型大客機的念頭。取而代之開始研究兩種機型，一個是速度比以往客機高15%而能縮短所需時間的中型機「音速巡航機」，另一個是提高飛航效率以便追求經濟性和環保

性的「7E7」（E表示efficiency＝效率）。研究期間由於美國發生911等多起恐攻事件，加上伊拉克戰爭後石油價格飛漲等社會情勢，導致航空公司的需求傾向經濟性。於是，波音在2003年底向航空公司提出了7E7的開發計畫。

當時，ANA正在考量引進新的中型機來取代767和A321，於是在2004年4月26日下單訂購50架7E7，成為啟動客戶。獲得ANA的訂單後，7E7進入正式開發的階段，並於2005年1月28日將其命名為787夢幻客機，預定在2008年後半期交機。當時訂立的排程是先開發基

787-8

本型787-8，接著開發短程型787-3，最後開發機身加長型787-9。機體尺寸介於767-300和777-200中間，機身直徑為5.74公尺（767為5.0公尺，777為6.2公尺），經濟艙的基本座位配置為橫向一排8～9座式。

機身和主翼等機體結構有50%（777為10%）採用東麗（Toray）開發製造的一體成形CFRP。除此之外，最大的特點是採用新的系統，如加壓、空調、主起落架的煞車、主翼前緣的防止結冰等不再使用來自發動機的分氣系統，改使用電動馬達、加熱器和壓縮機。左右兩邊的發動機和後方的APU（輔助動力裝置）各裝載2部發電機，一共6部（傳統客機為3部）。

開發生產之中，有35%（部分機身、中央翼、主翼）委託三菱、川崎、SUBARU（原公司名稱為富士重工業）等日本重工業者分擔，在日本生產的組件，用為了運送787的大型組件而改造的747LCF，從中部國際機場運送到美國的最後組裝地。

飛航控制繼777之後採用數位式的線傳飛控，駕駛艙採取配置5個大畫面LCD的新設計。此外，原本737NG只在左座（機長座）上方設置可收納的抬頭顯示器，現在也改成左右兩座都有的標準配備。

客艙有很多特色，例如，大型化的艙窗（767的28×39公分加大成28×47公分）、利用艙窗下方的按壓式開關，可做5段亮度調整的電子遮光板等等。機身採用高強度的CFRP，所以能提高機內加壓；傳統客機的機內氣壓相當於海拔2400公尺，現在可以提高到相當於海拔1800公尺。而且由於CFRP不會腐蝕，能裝設加溼器以緩和乾燥感。

發動機可以選用64000lbf級的勞斯萊斯Trent 1000或奇異GEnx-1B，因為採用共通的裝載方式，容易更換不同廠牌的發動機。兩家公司的發動機都是提高燃油效能、減少二氧化碳及氮氧化合物排出量的新世代機型。而且，發動機蓋板的後部做成波浪狀，具有鋸齒噴嘴的效果，起飛時的噪音值比767-300少了60%。ANA採用Trent 1000，2004年12月22日訂購的JAL則採用GEnx-1B。

2007年7月8日展示第一架之後，發生接合碳纖維複合材料的扣件不夠、主機翼盒（main wing box）強度不足、Trent 1000開發延遲等諸多問題，導致開發進度大幅延遲。2009年12月15日完成首次飛行測試之後，又發現許多問題點，暫時停止飛行測試。

在克服了重重難關之後的2011年9月25日，第一架客機LN（line number，產線編號）8（JA801A）交付給ANA。10月26日進行787的實際首次飛航，從報名參加787首航活動的人士當中選出一般旅客以及其他人士，從成田機場飛往香港（第一次定期航班飛航是11月1日從羽田機場飛往岡山機場）。JAL在2005年下訂的第一架客機LN23（JA822J），2012年4月22日從成田～

波士頓線起航。

但是，首航之後問題依然層出不窮。2013年1月7日，JAL的客機在波士頓機場發生鋰離子電池冒出火花的事件；1月16日，ANA的客機在從山口宇部機場飛往羽田機場的途中，也發生同樣的意外。787為此全面停飛大約4個月。此外，還因為發生多起發動機問題及生產工程的不順而停止交付等等。經過多方努力，最後終於克服障礙。

生產初期的機體，由於重量比設計值大，導致10架飛機被ANA等公司拒絕接收，有「魔鬼機隊」（terrible teens）之稱號，最後以商務噴射客機（business jet）等方式賣出。截至2023年4月，總共交付了388架。其中，ANA有36架，JAL包括旗下的ZIPAIR Tokyo有30架。

Tokio Sato
787-9

787-9
獲得最多訂單的人氣機型

預定接續787-8開發的787-3，將主翼尖改成一般的小翼，成為翼展短約8公尺的短程型機型，也獲得了ANA和JAL這兩家公司的訂單。但是，787-8的開發大約延遲了3年，所以波音在2008年決定優先開發接到較多訂單的787-9（787-3因為ANA和JAL改為訂購787-8而放棄開發）。

787-9是把787-8的機身往主翼前後方加長6.1公尺的加長型，主翼和尾翼等部分則和787-8相同。由於機身加長導致重量增加，因此增加了結構和主起落架的強度，並且把最大起飛重量從227934公斤增加到254692公斤，輪胎也隨之加大。

發動機採用把Trent 1000的推力增強以求提高燃油效能的71000lbf級Package C（C套裝件），以及把GEnx-1B提高推力等改良而成的PIP2。另外，也改善了空氣動力性能，使航程從787-8的13530公里增加到14010公里。在改良發動機的同時，787從787-8的初期型持續改善種種缺失而漸趨成熟，787-9在這個基礎上進行開發，因此可以說是787的完成形態機型。

紐西蘭航空於2005年10月訂購10架，成為787-9的啟動客戶。第一架是紐西蘭航空訂購的LN126，2013年9月17日首次飛行，2014年6月16日取得FAA和EASA（European Union Aviation Safety Agency，歐盟航空安全總署）的型號認證，LN169（ZK-NZE）於2014年7月9日交付紐西蘭航空。

日本方面，ANA於2010年9月30日決定把已經訂購的55架787-8之15架改成787-9。接著，JAL也於2012年2月15日訂購20架787-9（其中10架從787-8改訂）。首先，ANA在2014年7月27日接收LN146（JA830A）投入國內航線，接著，JAL在2015年6月9日接收LN139（JA861J）投入國際航線。這個機體是第一架裝配GEnx-1B發動機的787-9，在進行飛行測試而取得型號認

證之後，交付給JAL。

澳洲航空充分運用787-9的航程，於2018年3月開設了飛行距離14500公里、飛行時間長達17個小時的伯斯～倫敦航線。這條航線是澳洲和倫敦之間的第一個直達航班，因而成為熱門話題。

787-9到2023年4月為止，一共交付了587架。其中，ANA接收了40架，JAL接收了22架。

787-10
超過300座的超長型

787-10是把波音787-9的機身往主翼前後兩方延長5.5公尺，並強化機身結構，以便因應777-200及A330/A340替換需求的機型。2013年5月30日獲得新加坡航空的訂單，隨即於同年6月18日啟動正式開發作業。兩級客艙的標準座位數為336座，比787-9多40座；最大起飛重量為254011公斤，與787-9大致相同，所以航程只有11730公里，比787-9短。

因為機身加長的緣故，如果起飛時拉起的角度比較大，尾部就有可能碰觸到地面，所以主起落架採777-300ER所用的SLG（semi levered gear，半搖臂起落架）。這種構造使飛機在起飛時，不是整組主起落架同時離地，而是前輪先離地，只留後輪直到最後才離地，這和加長主起落架使機尾和跑道留下更多空間的效果相同。

發動機可以選用從Trent 1000改良而成的76000lbf級Trent 1000-TEN（thrust efficiency and new technology，推力效率與新科技）系列和GEnx-1B76/78。1號機LN528裝配Trent 1000於2017年3月31日首次飛行，2號機LN548裝配GEnx-1B76/P2進行飛行測試，並於2018年1月22日取得FAA的型號認證。

787的生產線位於華盛頓州的埃弗里特工廠，2010年增加位於南卡羅萊納州的北查爾斯頓工廠，在這兩個地方進行最後組裝作業。不過，787-10的生產集中在北查爾斯頓工廠進行。埃弗里特工廠的787生產線在完成LN1095（787-9，JA937A）之後關閉了。現在787的3種機型都只在北查爾斯頓工廠生產。

第一架投入航線執飛的是新加坡航空的LN622（9V-SCB），於2018年5月3日飛航新加坡～關西航線。在日本方面，ANA於2015年3月訂購3架裝配Trent 1000-TEN發動機的客機，2020年2月25日追加訂購11架裝配GEnx-1B發動機的客機，以便替換777供國內航線使用。現在執飛中的3架是中程國際航線用客機，第一架LN809（JA900A）於2019年4月26日首次投入成田機場飛往新加坡的航線。

787-10截至2023年4月為止總共接單225架，79架已經交付。下單較多的業者，除了租賃公司之外，以阿提哈德航空的30架為最多，其次是聯合航空和新加坡航空各27架。

787-10

Tokio Sato

波 音 767

波音747、道格拉斯DC-10、洛克希德L-1011這些廣體客機是在1980年代活躍於全球空域的主角。中長程航線是三發機與四發機獨擅其場的領域。雙發機頂多是以窄體客機的型式在短程航線執飛。歐洲的飛機製造商聯合設立的空巴公司,在1970年代初期開發了雙發廣體客機A300,但雙發機尚未活躍於連結大陸間的長程航線。在這樣的時代氛圍中,所開發出來的中程用中型廣體客機就是波音767。

發掘雙發機潛在能力的半廣體客機

767 規格

	767-200	767-200ER	767-300
全寬	47.57m	←	←
全長	48.51m	←	54.94m
全高	15.80m	←	←
機翼面積	283.30㎡	←	←
發動機型式(推力)*	JT9D-7R4D (21,792kg) CF6-80A (21,792kg)	PW4056 (25,765kg) CF6-80C2B4F (26,287kg)	JT9D-7R4D (21,792kg) CF6-80C2B2F (23,835kg)
最大起飛重量**	142,882kg	179,169kg	158,758kg
最大降落重量**	123,377kg	136,078kg	136,078kg
空重**	113,398kg	117,934kg	126,099kg
最大燃油容量	45,955~63,217ℓ	63,216~91,380ℓ	63,216ℓ
最大巡航速度	M0.80	←	←
航程	7,200km	12,200km	7,200km
標準座位數(2級)	214	←	261
首航年度	1982	1984	1986

	767-300ER	767-300F	767-400ER
全寬	47.57m	←	51.92m
全長	54.94m	←	61.37m
全高	15.80m	←	16.80m
機翼面積	283.30㎡	←	290.70㎡
發動機型式(推力)*	PW4060 (27,240kg) CF6-80C2B6F (27,240kg) RB211-514G/H (27,488kg)	CF6-80C2B7F (28,168kg)	CF6-80C2B7F (28,804kg)
最大起飛重量**	186,880kg	186,880kg	204,116kg
最大降落重量**	145,150kg	147,871kg	158,757kg
空重**	133,810kg	140,160kg	149,685kg
最大燃油容量	91,380ℓ	←	91,140ℓ
最大巡航速度	M0.80	←	←
航程	11,070km	6,025km***	10,415km
標準座位數(2級)	261	—	296
首航年度	1988	1995	2000

*代表性的發動機型式　**最終生產機型的規格　***酬載52.7公噸

767-200
以橫越北美大陸的航線為主要市場而開發的基本機型

波音在1970年代中期,構思開發能夠填補727/737和747間隙的新型客機,以及更替727/737的新機型。當時計畫以姐妹機的形式,同時開發180座到200座級的窄體客機7N7和廣體客機7X7。後來,7N7以 757之名著手開發,7X7也作為767開始開發。當時,由於1973年

767-200

Charlie FURUSHO

第一次石油危機，導致燃料價格高漲，提高了新型客機對節省能源的要求。767當初計畫開發3種機型：180座級的767-100、200座級的767-200、對應加勒比海及大西洋的跨海航線三發機777（和後來開發出來的777不同）。雖然是廣體客機，但機身比較細長，所以座位採取2-3-2的橫向一排7座式為標準配置，並且新開發比747及DC-10等廣體客機所用標準貨櫃LD-3更小型的LD-2，以便機腹貨艙裝載2列貨櫃。

後來，767-100的座位數與當初計畫更大型的757不相上下，三發機777的經濟性不佳，再加上發動機的信賴度有待提升，所以僅止於計畫階段。767-200於1978年7月14日收到聯合航空的30架訂單，於是啟動計畫。同年度又陸續接獲美國航空、達美航空的訂單，於是進入正式開發的階段。

767打算配備和同期開發的757共通的駕駛艙，並且納入當時急速進化的數位技術，藉此把以往由飛航工程師監視發動機及系統的等作業改為自動化，使200座級的客機首次僅由兩名機師操縱也能夠安全飛航。因此，為了讓機師容易掌握資訊，特地開發了玻璃駕駛艙，主要儀表板採用6個CRT（陰極射線管/布朗管），能夠綜合且集中地顯示姿態及方位等飛行資訊，與發動機、系統的資訊。

但是，由於美國的機組員工會反對，於是採取只有2名機師和如同以往保留飛航工程師的3名機組員這兩種型式同步進行開發。最後，負責審核這個問題的美國政的諮詢委員會做了結論，認為即使2名機師也能夠安全無虞，於是把3名機組員的規格列為選項。結果美國的航空公司紛紛選用2名機師的駕駛艙，3名機組員的規格只有澳洲的安捷航空選用。

發動機可以選擇747已使用的型式。啟動客戶聯合航空選擇普惠的JT9D-7R4D，達美航空和美國航空則選擇奇異的CF6-80A2。

767-200的雙機師客機於1982年7月30日取得型號認證，8月19日交付給聯合航空，9月8日首次飛航芝加哥～丹佛航線。

日本方面，ANA於1979年10月1日決定引進裝配CF6-80A的767-200，1983年6月21日首次飛航東京～松山航線和大阪～松山航線。接著，JAL於1983年9

月29日決定引進裝配JT9D-7R4D的767-200和767-300（後述），1985年11月1日767-200首次飛航東京～千歲航線和東京～福岡航線。ANA採購了25架，JAL採購了3架。

由於767的發動機和機體的信賴度大幅提升，ETOPS（雙發動機延程飛行操作標準）的限制在1985年從60分鐘延長到120分鐘，這對銷售帶來非常重大的影響。以往，雙發機對於大西洋航線和太平洋航線這類必須長時間在海上飛行的航線，即使延長航程，也不可能真的不著陸飛航，所以不得不使用747或DC-10這種三發動機以上的機型。但是FAA在1985年對767許可120分鐘ETOPS，這讓環球航空的767-200得以在同年2月1日投入波士頓～巴黎航線。從此，大西洋航線使用經濟性較高的雙發機執飛的情形越來越多了。

截至1987年為止，總共生產了128架，最後一架是LN184（G-BNCW）的機體，交付給英國的包機航空公司不列顛尼亞航空。

767-200ER
顛覆雙發機概念的長程型

767的開發確定了由基本型767-200、767-200的增程型767-200ER（extended range）、機身加長型767-300這3種機型構成一個系列。767-200ER是在767-200的中央翼內增設油箱，初期機型由767-200的45955公升增加到63216公升，重量增加型的最終機型選項更可以增加到91380公升。

初期機型的發動機裝配PW4050和CF6-80C2B2F，最大起飛重量為156490公斤，比767-200增加約15%。航程最大可達9510公里，比767-200的5963公里延長不少。此外，裝配了增加推力的PW4050和CF6-80C2B2F的最終機型，最大起飛重量為175540公斤，航程可以延長到12352公里。

767-200ER於1982年12月獲得衣索比亞航空的訂單後啟動開發作業。首次是在1984年3月27日交付給以色列航空的LN86（4X-EAC）執飛。

FAA在1988年把ETOPS延長到180分鐘，使得航線上的限制大幅放寬，約涵蓋了地球的95%。767-200ER的飛航範圍擴大到太平洋航線以及經由西伯利亞連結東亞與歐洲的航線，讓767-200ER的續航性能得以充分發揮。日本的航空公司並沒有引進這個機型，但同在亞洲的中國國際航空、長榮航空，以及大多數航線為長程航線的澳洲航空都有引進。加拿大航空和TWA等公司則把一部分767-200改造成ER規格，投入長程航線的飛行。

截至2001年為止，總共生產了121架。交付給航空公司的最後一架是美國大陸航空的LN851（N68160）。

Charlie FURUSHO

US AIRWAYS

767-200ER

767-300
因應航空需求擴大的機身加長型

767-300或許是日本國內航線中最為人知的機型，這是將767-200機身往主翼的前後兩邊延長6.4公尺的加長型，1983年2月接到JAL的3架訂單之後啟動開發作業。因為機身加長使最大起飛重量增加，所以強化了部分結構外，主翼、尾翼等都和767-200一樣。旅客最多可以增加到290座，所以主翼上面的III型緊急出口在左右兩側各追加1個。此外，由於起飛時拉起的角度比較大，尾部下面可能會碰觸地面，所以裝配了尾橇。

發動機可選用JT9D-7R4D和CF6-80C2B2，1987年起又增加了P&W新世代PW4050系列的選項。最大燃油容量和767-200差不多。為了對應因機身加長所增加的重量，最大起飛重量提高到158758公斤，遠大於767-200的142882公斤。航程最大可達7450公里，比767-200短了約1000公里。

767-300右舷前部的機腹貨艙門和767-200同一尺寸，標準寬度為1.92公尺、開口部高度為1.7公尺，最適合寬1.53公尺、高1.63公尺的LD-2貨櫃。但也可選用寬度3.4公尺、開口部高度1.7公尺的大型艙門，以便裝載大型棧板。JAL採購了5架這種規格的客機投入國際航線。

767-300的1號機LN135裝配JT9D-4R4D，於1986年1月14日首次公開亮相，飛行測試之後，於1986年9月22日取得FAA的型號認證，於9月25日以JA8236的編號交付給JAL。首次飛航則是由767-300的2號機LN148（JA8234）在10月20日完成。繼JAL之後，達美航空也引進投入美國國內航線。1987年6月30日，ANA接收了裝配CF6-80C2B2的1號機LN176（JA8256），於7月10日投入航線。

除了投入國內航線之外，JAL也把767-300投入短程國際航線及日本亞洲航線，1994年之後引進的客機，將發動機換成CF6-80C2B4F，直到1999年為止

767-300

一共引進22架。ANA開設首爾航線後的1年左右，也把767-300投入國際航線，但後來只作為國內航線專用，截至1998年為止一共引進34架，成為日本國內航線的主力機型。

767-300在2001年停止生產，總生產數為104架。最後一架是LN849（B-2498），交付給上海航空。

767-300ER

Boeing

767-300ER
代表767的全功能客機

767的第4個衍生機型是767-300的增程型。和767-200ER一樣，在中央翼內增設油箱，使燃油裝載量增加到91380公升。另外，裝配改良後輸出提高到610001bf級的發動機，使最大起飛重量增加到172365公斤。最終機型更增加到186880公斤，航程可以達到11070公里。

發動機可裝配PW4056和CF6-80C2B7F。最終機型可選用推力更大的PW4062和CF6-80C2B7F甚至B8F。另外，因為在1987年8月接到英國航空的訂單，所以也可選用勞斯萊斯的RB211-514G/H。第一架裝配RB211的機體LN265於1989年5月完成交付。

767-300ER為了因應以歐洲包機航空公司為主的要求，準備了乘客數最多可增加到351座的選項。依據FAA的規定，若有事故發生，必須能夠讓乘客和機組員利用機內所有機門和半數以下的緊急出口，在事故發生起90秒以內全部撤離，所以如果增加乘客數，就必須變更機門和緊急出口的數量和位置。通常是在機身前方和後方設置4個也可供人員上下飛機的A型機門，在主翼上方設

置4個小型的III型出口，這個選配則是在主翼前方4處和後方2處增設A型門。在緊急出口方面，可以選擇在主翼上面2處設置III型，或是在主翼後方2處設置比III型更大的I型。

這個選配是在主翼前方4處設置A型機門，優點是可利用機門作為區隔，劃分機內不同艙等，因此也獲得沒有乘客增加需求的達美航空、加拿大航空、英國航空、荷蘭皇家航空（KLM）等大航空公司的採用。

前方的貨艙門採用可進出大型棧板的大型門，這在767-200和767-300列為選項，在767-300ER則是標準配備。

767-300ER的1號機LN202於1988年1月20日取得FAA的型號認證，美國航空於1988年3月3日將其投入航線飛航。在日本方面，ANA於1989年6月引進1號機LN269（JA8286）投入東南亞航線飛航。接著，AIRDO準備開航，於1998年3月以租賃方式引進LN687（JA98AD）。同年8月，天馬航空以租賃方式引進LN714（JA767A），完成767-300ER加入國內航線的首次飛航。天馬航空初期引進的3架，採用選配的機門配置，採取2級309座的規格，第3架是增加天鵝艙（Cygnus Class）的254

座規格。這3架採取2-4-2的橫向一排8座式的高密度規格。

在日本，JAL是最晚引進767-300ER的航空公司，於2002年5月引進LN875（JA601J），主要執飛東亞航線。JAL的客機採用於2000年啟航的767-400ER（後述）所用的波音777款式內裝。而ANA自同時期接收的LN877（JA603A）以後的客機，也變更成同樣的內裝。

767-300ER藉由發動機的改良等措施，把航程拉得遠比初期交付的客機更長。此外，它也可以裝配由波音航空夥伴開發製造的小翼，在飛行時間較長的航線上，能夠減少5％左右的燃料消耗，並降低二氧化碳排放量。投入大西洋航線和太平洋航線等長程航線的美國航空及達美航空，紛紛引進這種改裝套件。日本方面，ANA從2010年到2012年所接收的9架新機也全部引進這種套件，JAL也從2013年到2014年期間把既有的9架相繼改裝。

767-300ER截至2013年為止一共生產了583架。最後一架是LN1052（CC-BDO）的機體，交付給南美航空。

767-300F
民用型唯一持續生產的貨機型

1993年1月，應美國的貨運公司聯合包裹（UPS）的要求，開發了767的貨運專用型。以767-300ER為基礎，在L1機門後方的機身設置一個內徑寬3.4公尺、開口部高2.62公尺的大型貨物艙門，並且強化主艙地面，取消客艙窗戶等等做了許多變更。主艙最多可放24片2.24X2.74公尺的棧板，或是14片2.24X3.18公尺的棧板。和客機同等容量的機腹貨艙，前方可以裝載12個LD-2貨櫃，後方可以裝載10個。最大酬載為52.7公噸，約相當於747-40047%的重量。

啟動客戶UPS引進的機體沒有設置貨物裝卸系統，但後來引進的機體則在主艙設置了導軌和PDU（動力驅動裝置）作為貨物裝卸裝置。

發動機可選用和客機相同的款式，但只有裝配CF6-80C2B6F或B7F的機型才有收到訂單。

1995年10月12日取得FAA的型號認證，第一架是LN580。1995年10月12日由啟動客戶UPS進行首次飛航。在日本，ANA於2002年8月接收1號機LN885（JA601F），總共引進4架新機和1架二手機。JAL也在2007年6月接收LN956（JA631J），總共引進3架，但是在營運1年半之後，就退出貨運專用機的運航了。

現在仍然接受聯邦快遞等公司的訂單而持續生產。截至2023年5月為止，一共生產230架。

Charlie FURUSHO

767-300F

767-400ER
最終衍生機型的長體客機

767-400ER是民用型767最後開發的機型，把767-300ER的機身朝主翼前後兩邊延長了6.40公尺，並強化機體結構。兩級客艙的最大座位數為296座，比767-300的261座增加不少。單級客艙則可增加到409座。1997年3月20日獲得達美航空的訂單從而著手開發，2000年7月20日取得FAA的型號認證。

這個機型的最大特徵，就是主翼尖採用斜削式翼尖。這個和小翼一樣，具有減少翼尖渦旋造成的阻力，提升巡航時的燃油效能，卻又比小翼輕盈。發動機可以從把PW4000系列和CF6系列推力增大的最新型式中選擇，但只有裝配CF6-80C2B7F的機型才有收到訂單。

駕駛艙的配置改變成777的型式，採取以6面液晶顯示器為中心的設計。顯示格式和777及737NG相同，但也能變更成如同以往的767樣式的格式。客艙做成777樣式，設有渾圓的大容量艙頂置物櫃，客艙的窗戶也改為777樣式的圓形設計。

767-400ER的1號機LN791在1999年10月9日首次飛行，2000年7月20日取得型號認證。2000年9月14日，繼達美航空之後下單訂購的大陸航空進行首次飛航。還有，767-400只有在中央翼內增設油箱的增程型767-400ER收到訂單，標準型並未生產。航程為10415公里，比767-300ER的11070公里稍微短一點。

767-400ER開發的時候，400座級的777-200已經順利收到訂單，市場重疊的767-400ER只有達美航空引進作為

Charlie FURUSHO

767-400ER

L-1011的後繼機型，大陸航空引進作為DC-10的後繼機型，而VIP客機只收到1架訂單，所以僅僅生產39架就草草結束。最後一架是2009年1月交付給巴林皇室的VIP規格LN965（A9C-HMH）。

767貨運型改裝機
對應貨機需求的BCF

這幾年，DC-10F/MD-10F和MD-11F迎來一波退役潮，導致對這些貨機的後繼機型767的需求逐漸提高。因此，現在767-300F仍然在繼續生產，而且近年來把客機型改裝成貨機型的案例也越來越多。

767的貨運型改裝，第一波是在1997年至2004年期間，美國的安邦快遞（現在的ABX Air）引進ANA運航的24架767-200，改裝成貨運專用機。引進之初，只是把主艙的旅客設備撤掉，成為簡易的貨機；自2010年起，在L1機門後方設置大型貨物艙門，並且封住旅客用的窗戶，改裝成為正式的貨機。由波音飛機服務（Boeing Airplane Services）進行改裝作業的機體是767-200SF（Special Freighter），由以色列航太工業公司（Israel Aerospace Industries

767-300BCF

Ltd.）的貝德克航空集團（Bedek Aviation Group）進行改裝的機體是767-200BDSF（Bedek Special Freighter）。

波音為了應對日漸擴大的貨機需求，於2005年12月啟動了747和767的BCF（Boeing Converted Freighter，波音改裝貨機）。這是波音自行改裝的規格化機型，767-300BCF的啟動客戶是ANA。第一架改裝成BCF的767-300ER是ANA於1989年6月接收後主要投入亞洲航線的LN269（JA8286）。

改裝作業的工期大約4個月，由波音委託新加坡的新加坡科技航太（SASCO，Singapore Technologies Aerospace，現在的ST Aerospace）施工。改裝的項目包括安裝通往主艙的大型貨物艙門、強化主艙的地面、設置PDU、封閉客艙窗戶等等。

現在由於網路購物普及，小批貨物的需求急速增加，以767-300ER為基礎改裝為BCF和BDSF的生意應接不暇，許多等著改裝的機體都滯留在美國的沙漠保管場等處。

在日本繼ANA之後，JAL也預定採購了3架，並於2024年1月接收第一架

767-300BCF，從2024年2月19日開始營運。

軍用型767
767成為AWACS、空中加油機的母機

767的機體尺寸和航程極適合作為老舊的707和DC-8的接替機型，因此初期的767-200陸續由聯合航空、達美航空、美國航空等公司引進，作為舊世代機型的後繼機型。707不只作為民用機，也被美國空軍及NATO（北大西洋公約組織）用來作為空中加油機之類的軍用飛機。不過，707在1987年結束生產，波音也就沒有這些軍用飛機的母機了，傳承這項任務的機型就是767。

最初的軍用型是提供給日本航空自衛隊的大型早期警戒管制機（AWACS，airborne warning and control system，空中預警機）E-767。原本以707作為母機的E-3已經結束生產，所以改用767-200ER改裝，成為在主艙裝配E-3的電子儀器，並在機身上部裝載迴轉式雷達天線罩的樣式。1992年決定改裝4架，1998年3月把最初的2架交付給日本航

空自衛隊。全世界總共只生產了4架AWACS。

接著開發的，是以767-200ER為基礎的空中加油運輸機KC-767，計畫在2000年代初期更替美國空軍老舊的KC-135，競爭對手是以A330-300為基礎的KC-330。到了2002年，美國國防部指定採用KC-767。不過，與選定KC-767有關的美國國防部採購官員被懷疑貪污而遭到起訴，後來判決有罪，於是美國國防部在2006年1月解除了KC-767的合約。

波音持續開發KC-767。結果2001年6月義大利空軍、2001年12月日本航空自衛隊相繼決定採用，總算能夠邁入正式開發的階段。日本航空自衛隊的第一架在2008年2月29日交付。KC-767總共生產了8架，義大利空軍4架、日本航空自衛隊4架。

對在KC-767的採購上回到原點的美國空軍，重新提出次期空中加油機KC-X的計畫。候選的機型有兩個，一個是波音提案的以767-200ER為基礎的KC-767，另一個是EADS（European Aeronautic Defence and Space Company，歐洲航空國防航太公司）夥同諾斯洛普·格魯曼（Northrop Grumman）提案以A330-200為基礎的A330MRTT（Multi Role Tanker Transport，多用途加油運輸機）。結果，美國國防部宣布採用A330MRTT作為KC-45。但波音提出異議，於是美國空軍又重新選擇機型。在重選機型的期間，諾斯洛普·格魯曼公司放棄標單，因此美國國防部在2011年2月24日決定採購179架KC-767製成KC-46A Pegasus（波音KC-46A飛馬加油機）。

KC-767

E-767

KC-46把787型的駕駛艙升級，並且採用最新的加油系統和線傳飛控方式的加油桿等技術，於2015年9月25日首次飛行，2019年1月美國空軍開始運用。接著，日本航空自衛隊也決定採購2架，2021年10月31日接收第一架。後來，日本航空自衛隊又在2020年10月30日及2022年11月29日分別下單增購2架，總共6架。

除此之外，哥倫比亞空軍也採用了由民用型767-200ER改裝而成的空中加油機767MMTT。

成為空巴飛躍原動力的A330／A340
從證明技術力到
確立營運模式

文＝內藤雷太　相片＝空中巴士

在空巴發展為與波音匹敵的客機製造商路途上，
做出巨大貢獻的機型就是中型機A330/A340。
在開發初期，這兩個廣體姐妹機對空巴而言也可以說是大型機，
最大的特徵是除了雙發和四發的發動機數量不同之外，其餘都具有極高的共通性。
兩者同步開發，也讓各界對空巴的技術力評價大幅提高。
由於四發機時代結束，A340逐漸從市場退隱消失，
但繼承優良基因的新世代機型A330neo問世了，
至今仍在繼續拉抬空巴中型廣體客機的銷售量。

準備周全而邁向開發的
國際航線用的廣體客機

空巴的A330/A340這兩個雙發和四發的機型，採取幾乎一模一樣的設計製造成姐妹機，其實是個意外之舉。而且，兩個機型同步開發，在航空史上也是十分罕見。空巴為什麼同時開發兩種中大型廣體客機呢？又是如何成功的呢？這些問題的答案，就藏在該公司的處女作──A300的開發過程之中。

1960年代中期，美國開始醞釀廣體客機的研究，後來誕生了DC-10、L-1011這兩種大型三發機。與稍早開發出來的超大型長程客機747聯手改變了市場規則，揭開廣體客機時代的序幕。

除了這個美國的動向之外，由於噴射客機的問世，使得航空運輸市場開始急速成長。為了因應這個趨勢，歐洲從1965年左右開始，主要航空公司及飛機製造商的集團，紛紛自發性地舉行了新世代客機的研討會。也就是在這個時候，出現「air-bus」這個名詞。航空公司集團彙整各個業者的意見之後，提出

「air-bus」的概略樣式，認為最適合歐洲情況的機型，是如同路線巴士般將主要都市串連起來的廣體短程雙發機，這成為後來A300的起點。在迎向未來的積極行動之中，歐洲的航空業界，尤其是飛機製造商，一致感受到美國廠商侵入歐洲市場的可能性。如果再不開發航空公司理想中的大型機，不久之後美國廠商就會稱霸歐洲市場。但若要開發這樣的大型機，歐洲廠商單打獨鬥的實力並不足以抗衡美國。受到這個危機感驅使，各個企業集團的行動發展成為歐洲航空業界全體的合作關係，並獲得政府作為強力的後盾，從而成立了空中巴士（Airbus，簡稱空巴）。

空巴在法國、德國政府的強力資金支援之下開發的第一個作品，是雙發廣體客機的始祖A300。空巴充分理解自己只是一家還沒有獲得航空公司信任、市占率為零的新興製造商，若要與強大的美國勢力競爭而存活下來，就必須創造出能夠廣泛應對航空公司各種需求的一系列產品，因此從A300的計畫階段就很積極研究各種版本的發展，這些研究方案

依序推行，逐漸組成了A300家族。不過，後來修改範圍跳脫了家族的框架，1978年，把研討中的A300B10案命名為A310，成為第二個新機型發表上市。

A310在比A300短的機身上，配備了採用線傳飛控的新設計主翼、進行數位化及自動化的控制系統、玻璃駕駛艙等等走在時代尖端的技術，成為第一架高科技客機。同時，這也塑造出了空巴先進且高科技的企業形象。當時，與B10案同步進行研討的還有後來命名為A330/A340的B9案和B11案。B9案是把A300的機身加長、增加座位，以便因應DC-10及L-1011等美國廣體客機的替換需求。B11案是把A300的機身縮短、減少座位、延長航程，成為空巴的第一架四發長程客機，以便因應707和DC-8等機型的替換需求。不過，由於採用B10案，這兩個案子就延後了。

空巴為了充實A300家族，發表了A310，接著為A310擬訂以下的市場策略，企圖挑戰由737和DC-9寡占的窄體客機市場。1980年，空巴把窄體客機命名為SA（single aisle，單走道）、廣體客機命名為TA（twin aisle，雙走道），並且決定下期計畫做SA，於是公司內部開始進行研究。這就是1987年登場的革新高科技窄體客機A320。當初決定開發SA的時候，同時把B9/B11改名為TA9/TA11，決定繼續研究。雖然1982年在范堡羅國際航空展（Farnborough International Airshow）公開發表，但因適逢第二次石油危機和世界經濟蕭條之際，所以兩個方案再度延期。

經過漫長的研究之後，TA9/TA11於1986年再度登上舞台。這一年，A300已經在市場上站穩腳步，A320的開發也有了眉目，空巴一直在討論接下來的市場策略。空巴已經建立了A300/A310和A320的系列產品，目前欠缺的機型

A300是空巴的起點。後來，尺寸相同且繼承其正圓形機身斷面的A330/A340，以主力廣體客機之姿推升了空巴的銷售業績。

是國際航線級的長程客機，但是，由於767和MD-11的問世，廣體客機的競爭勢必趨於白熱化，這方面的強化也是當務之急。

在這舉棋不定的1986年，FAA才剛制訂了對於雙發機的安全航運規定ETOPS（雙發動機延程飛行操作標準）。當時的ETOPS-120規定，在1具發動機停止運作的緊急時刻，雙發機必須能在120分鐘內緊急降落於能夠降落的飛行場。這項規定限制了雙發機在包括海上飛行的長程飛航，所以長程航線的主角是三、四發機。但是，雙發機在油耗及維修成本上都占有優勢，經濟效益絕對有利，結果導致當時的市場分成二塊，一塊是以橫越大陸為主的北美使用大型雙發機，另一塊是無法避免長程海上飛行的亞洲及部分歐洲使用三發機及四發機。TA9和TA11的選擇，對於決定未來市場有極其重要的意義。不過，這個討論被空巴技術部門的一句話就解決了。技術部門表示，如果把兩個機型的結構共通化，便能同時開發兩個機型，

A330/A340的機體結構相當傳統。一個是雙發，一個是四發，就飛機而言是很大的差異。儘管如此，仍作為共通性極高的姐妹機進行開發。最後組裝線也是通用。

而且開發經費比各別開發還要節省5億歐元。這句話讓當時的總裁兼CEO皮爾森（Jean Pierson，1940～2021）立刻拍板定案，決定同時開發兩個機型。TA9/TA11被命名為A330/A340的隔年1月，獲得德國漢莎航空下訂A340-200，法國內陸航空（因特航空）也決定採購A330，總共有10家公司下單訂購41架A330和89架A340，於是姐妹機同時啟動開發作業。

發動機數量以外的共通性極高
操縱系統傳承自A320

截至目前為此，新成立的空巴一直是以公司名稱的市場滲透、獲得航空公司客戶的信賴、證明技術力為優先，直到A330/A340的問世，才終於把「生意」擺到前面。這時空巴在意的是皮爾森所說的：「技術已經不再是目標。擴大空巴的市場占有率，以及利用A320所開發的技術追求利潤，才是A330/A340的目標。」

根據接單狀況和市場調查的結果，從A340先進行開發工作，利用B9/B11精

心研究的成果順利地進行。為了依照當初的計畫，把開發費用壓到最低限度以提高生產性，這兩個機型的設計力求高度共通化，並且有許多設計從A300/A310/A320沿用下來。A330/A340的機身是共通的，由於基本設計從A300和A310移轉過來，所以機身斷面和A300相同，都是直徑5.64公尺的正圓形斷面。A340從一開始就決定了長機身和短機身兩個版本，機身長59.39公尺/座位數240座（3級艙等）的短機身型命名為A340-200；機身長63.69公尺/座位數295座（3級艙等）的長機身型命名為A340-300。A330的機身與A340-300共通，A330/A340的機內座位配置和機腹貨艙都沿用A300的設計，這個尺寸能夠併排堆放2排標準的LD-3貨櫃。

值得一提的是主翼。雙發和四發這兩者都同樣採用新開發的主翼，只有發動機架（engine mount）部分的設計有所不同，這個選擇讓人驚訝。雙發及四發共通主翼的創意本身是空巴內部於1977年提出的構想，已經做過充分的研究，所以空巴勝券在握。此外，長程型的A340在機身中央追加大型油箱，並相應地在機身正下方追加第3支主起落架。主翼結構基本上沿襲A300的設計，空氣動力則沿用A310的設計，採用空巴自有的後載式翼型，並且結合廣體客機首次採用的線傳飛控和分離式副翼，進行細微的空氣動力控制。另外，在尾翼方面，兩個機型的垂直尾翼包括機身尾部都沿用A310的設計，水平尾翼重新設計，採用CFRP作為一次結構材，和A310一樣在內部裝設油箱。此外，並裝配了利用主翼、尾翼間的燃料流動來調整機體重心的系統。

發動機方面，A330和A340有些許差

異，選定的過程也不盡相同。四發長程機A340為了延長航程，必須選擇高輪出而且高燃油效能的發動機，一宣布開發就立刻選定國際航空發動機（International Aero Engines, IAE）的V2500SF（Super Fan）作為唯一的發動機。V2500SF是一種革新性的高旁通比渦扇發動機，理應能夠利用減速齒輪和變距煞車（variable pitch brake）大幅提升燃油效能，但開發過程遇到不少困難，使得IAE進行到半途就放棄了，也迫使空巴改採一向慣用的CFM國際（CFM International）CFM56-5C。為了彌補變更發動機所造成的航程不足，空巴變更主翼設計以便增加燃料載運量，小翼也變成標準配備。另一方面，A330的發動機可以選用已經有實際績效的奇異CF6-80和普惠PW4000，對英國系用戶則提供勞斯萊斯的Trent 700。

其次，駕駛艙和操縱系統把A320的駕駛艙改良，使其共通化，雖然雙發和四發的推力操縱桿不同，但除了推力操縱桿周邊之外，其餘部分的配置都相同。兩個機型都是雙機師的玻璃駕駛艙，配備6個CRT顯示器，採取線傳飛控和側桿式控制。A320/A330/A340駕駛艙的配置都相同，在移轉機型時能夠大幅縮短訓練時間，並且互相認可機組員的證照，這對力求降低機組員訓練的時間和成本的航空公司而言，是一個很有吸引力的賣點。

先行開發的A340-300於1991年10月25日順利完成首次飛行，立刻著手準備取得型號認證。性能方面的後續作業依照計畫順利地進行著。到了隔年的1992年2月，打算參加新加坡國際航空展以便讓A340首次亮相，不料正在進行飛行準備時，測試中的機體卻發生問題，空

巴這下慌了。主翼發生抖震（buffet），這可能會發展成顫振（flutter）而造成結構破壞，也會增大主翼的阻力使得燃油效能惡化，極可能導致航空公司取消訂單，這個問題非常嚴重。最後在外側發動機掛架的基部加上一個隆起結構以調整氣流，暫時解決了這個問題。到了

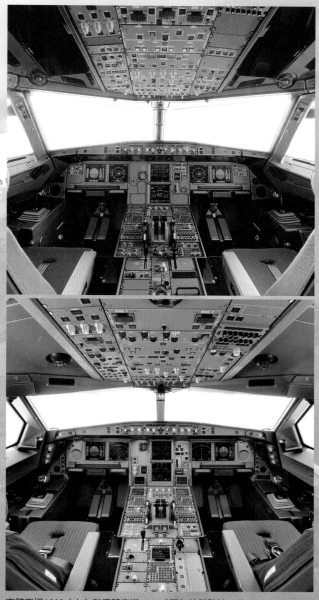

窄體客機A320（上）和廣體客機A330（下）的駕駛艙。共通性非常高，乍看之下難以分辨。此外，A330和A340的明顯差異，也只是推力操縱桿的數量不同而已。

由於雙發機時代的來臨，A330的銷售開始大幅成長。相對地，四發機A340逐漸陷入了苦戰。雖然也開發了長程型A340-500及長機身型A340-600，但還沒有做出像A330neo這樣的新世代機型就停止生產了。

量產時則變更設計，更動主翼的曲度以改變外翼仰角，才把這個問題徹底解決。在主翼周邊還發現其他缺點，於是做了一些改良，例如把內側的前緣縫翼的翼弦長（chord length）增加1成等等，而這些改良也回饋到A330。

A340的開發在最後階段遇上了出乎意料的棘手問題，幸好後來順利克服，A340-200也在1992年4月1日完成首次飛行，1993年2月2日把A340-200交付給啟動客戶漢莎航空，同月26日把A340-300交付給法國航空，A340開始投入運航。後發的A330則於1992年11月2日完成首次飛行，1994年12月交付給法國內陸航空。

命運截然不同的姐妹機
逐漸消失的A340和
邁入新世代的A330

肩負著擴大市占率和追求利益的使命而同時開發的A330和A340，在商業上會如願成功嗎？在A340這邊，1987年啟動計畫的時候，啟動客戶德國漢莎航空和法國航空等公司就訂購了89架，開發過程中也持續收到訂單，可謂前景看好。但在這個時期，最強的競爭對手波音777已經在進行開發了。A340開始運

航的1年後，世界最大的雙發廣體客機777上場，又過了1年後的1995年，成功取得世界第一個ETOPS-180的認證，顛覆了人們對雙發機的認知。能夠從事3小時的海上飛行，讓雙發廣體客機得以投入長程航線，導致四發長程客機的需求頓時銳減。

為了因應這個巨大的變化，並做出與大型廣體客機的差異化，空巴於1997年啟動增程型A340-500和A340-600，希望把這兩個版本作為A340的第二代。尤其是A340-600，除了延長航程之外，也加長機身，把座位數增加到3級艙標準380座，在上市當時凌駕747之上，成為全世界機身最長的客機。此舉固然吸引了全球的目光，但並沒有改變時代的潮流趨勢，第二代A340的生產數只有97架，十分慘淡。這麼一來，四發機就失去了存在的意義，更何況空巴本身在2006年發表了大型廣體雙發機A350XWB作為A340的後繼機型，於是A340就此畫上句點。在開始飛航之後僅僅過了18年的2011年，A340正式停產，總生產數377架。

那麼A330的情況呢？和A340相反，A330問世時相當悽慘，雖然在1987年剛啟動開發作業時收到41架訂單，但1990年10月競爭對手波音開始開發777，一時氣勢大漲，導致A330的市場被競爭機型767-300ER搶走。A330從1990年12月大韓航空下單，到1995年7月與愛爾蘭航空簽約為止，沒有再收到任何新的訂單。更有甚者，大陸航空取消了全部的訂單，西北航空延後交付等惡劣情事接踵而來，即使法國內陸航空從1994年開始使用A330飛航，這些情況仍然沒有改善。空巴不得不從根本上檢討這個陷入困境的戰略，最後決定開發A330的新版本。

空巴在重新檢討市場需求之後，注意到市場對於比A330更小但航程更長的機體有潛在的需求。因此，立刻著手開發縮短機身以求減輕機體重量，並在中央追加油箱以求增加40%載油量的長程型A330。這個縮短機身導致尾矩臂（tail moment arm）變短，因而把垂直尾翼加大的型號為A330-200，先前的A330則改為A330-300。A330-200的航程為11880公里，比A330-300的10260公里增加了不少。相反地，座位數為3級艙標準253座，比A330-300的295座還少。A330-200的航程勝過競爭對手767-300ER，營運成本卻比對手低9%，因此在1995年11月宣布啟動開發作業之後，A330的銷路開始竄升。

有了A340和A330-300的經驗，使得A330-200在最短的期間內開發完成，1997年8月13日首次飛行成功。沒過多久，美國的國際租賃財務公司（ILFC）就訂購了15架A330-200，使得A330的訂購機數超過200架。ILFC訂購的客機於1998年4月交付給租賃客戶加拿大3000（Canada 3000 Airlines），於是這家包機公司成了A330-200的第一個營運者。

自A330-200發表以來，A330的銷售量一路長紅，繼A320之後成為空巴的暢銷機型。空巴配合市場需求，即時開發新的版本，現在，除了A330-200和A330-300之外，還有2007年啟動的貨機型A330-200F、2014年啟動的新世代客機A330neo系列（A330-800、A330-900）等熱門產品。A330neo改用勞斯萊斯的Trent 7000，這是一種高輸出、高燃油效能的旁通比10:1最新型發動機。

除此之外，A330neo還引進了A350WBX和A320neo的最新技術，採用設置鯊鰭小翼的新款主翼，配備最新的駕駛艙系統、最新的客艙內娛樂系統，發展成為與A350WBX及A320neo並駕齊驅的空巴新世代客機。第一架A330-900於2017年10月19日首次飛行成功，2018年11月26日交付給啟動客戶TAP葡萄牙航空。A330-800也在2018年11月6日完成首次飛行，2020年10月29日交付給科威特航空。因為是在新冠肺炎疫情爆發之前開始執飛的最新機型，市場評價或許要等到疫情結束才有定論。不過截至2023年5月為止，A330家族一共有128個客戶，總訂購機數為1759架，已經交付了1540架，這張成績單可謂十分亮眼。今後A330neo系列應該會使這個業績更加成長吧！A330果然成了當初所預期「能夠追求利益的機體」。

不幸短壽夭折的A340雖然在商業上失敗了，但它的機體完成度相當高，問題是出在投入市場的時機不對。而且開發A340所獲得的成果被充分運用在A330上，對於A330的產品完成度也有莫大的貢獻，又在從四發轉移到雙發的過渡期間，把漢莎航空這樣的大型四發機客戶圈住，再引導到空巴的雙發機上。如果把這些納入考量，那麼A330/A340姐妹機同時開發這件事，可以說是大大的成功吧！

A350（遠側）原本是作為A330的改良型而進行開發，但因改良幅度太小，未能獲得航空公司的支持，於是全面重新設計。後來，改良型A330neo（近側）誕生了，由於機體價格低廉，再加上它和以往客機的共通性極高，甚至發生搶走A350客戶的狀況。

Tokyo International Airport

▌細部解說

空巴A330neo的
機械結構

相片與文＝
阿施光南（特記除外）

在兩層機艙的巨無霸客機A380誕生之前，
空巴家族中機體尺寸最大的機型是A330/A340。
A330/A340從空巴第一架客機A300繼承了廣體的機身斷面，
又從奠定現今空巴FBW（線傳飛控）家族基礎的A320，
繼承配備側桿的操縱系統，成為效能卓越的機型，
尤其是雙發的A330更成為最暢銷的機型之一。
如今在中型機的市場中，能與波音787一爭高下的機型，
是把A330納入最新技術，改良而成的A330neo。
雖然日本的航空公司沒有引進最新銳的A330neo，
但這次很幸運地，能夠進入有引進這型客機的達美航空在成田機場建造的整備設施
「達美技術營運中心」，拍攝到機體的細部。

Charlie FURUSHO

■ A330-900

A330neo是由標準型A330-900和機身縮短型A330-800這兩種機型所組成，機體尺寸分別與傳統型（ceo）的A330-300和A330-200相同。達美航空引進的A330-900也有投入日本航線。

■ 成田機場的整備作業

一架A330-900（neo）的新造客機正在成田機場的達美航空整備據點「Delta TechOps」進行整備作業。在法國圖盧茲的空巴工廠接收之後，直接飛到成田機場，進行啟航前包括安裝Wi-Fi天線等整備作業。Delta TechOps不只做自家的飛機，也接受其他業者委託進行整備、維修等工作。

■ 訪談對象

承蒙達美航空整備部哈姆常務次長（右）與富塚智邦部長（左）協助這次拍攝A330neo，並且解說A330系列的特點。

開發概念
藉由改良既有客機對抗新開發的客機

A330的首次飛行在1992年，經過25年後納入新技術，開發出新的機型A330neo（new engine option）。顧名思義，就是換了新型發動機。此外，空氣動力方面也做了改善，藉此使飛行的耗油量削減約12%。而且，由於座位數增加，換算每個座位油耗削減達14%。

不過空巴最初計畫的A330改良型，並不是這個機型。2004年，空巴為了對抗波音的787，提出修改A330的發動機和主翼，更新而成的機型為A350。但是，大多數航空公司想要更大的全新客機，於是後來開發了A350XWB。

另一方面，以A330的老客戶航空公司為主的許多業者，仍熱切表示希望取得A330的改良型。原本A330就廣受好評，即使在A350XWB和波音787啟動開發作業後，訂單仍然倍增。A350XWB的駕駛證照和A330通用，但駕駛艙的配置完全不同，備用零件也無法共通。改良型就算有些部分不如新開發的機型，例如航程較短，但這對沒有長程航線的航空公司並不構成問題。當然，改

■ 雷達罩

大多數的傳統客機會在機頭的雷達罩（內部裝設氣象雷達）表面安裝雷電引流條（lightning diverter strip），用於遭受雷擊時把電流引走。但是近年來的空巴客機則把它改裝到雷達罩內側，所以表面平滑，沒有凹凸。

■ APU

機身後方內設有APU（輔助動力裝置），排氣口開向機身尾端。APU運轉時，外面四方形的部分會打開，引入空氣。包圍在周邊的屋頂狀曲線，是當雨天停在地面時，把機身上的水排掉的圍欄（具有類似雨水槽的功能）。

■ 機門/緊急出口

緊急出口在機身兩側分別設置於4處（左右合計8個）。只有第3個門不是大型的A型，而是寬度較窄的I型。每個出口都設置了緊急逃生用的滑道套件，A型是可供兩個人一起逃離的雙滑道，I型則是單滑道。

良型的開發費用比開發新機便宜，高價位複合材料的比例也比較小，所以機體的價格相較低廉。總而言之，這個問題就在於：一個是燃油效能及性能較佳但昂貴的機體，一個是燃油效能普通（絕對不是低劣）但便宜的機體，選哪一個比較划算而已。

因此，空巴於2014年正式決定開發A330neo，2018年開始交付給航空公司。其後，為了與A330neo有所區隔，把傳統型的A330改名為A330ceo（current engine option）。此外，機體規模與A330neo相近的A350-800則中止開發。就某個意義而言，也可以說空巴自己認為就算是新設計的客機，也打不過A330neo。

達美航空與A330
領先世界的A330營運者

達美航空是世界最大的航空公司之一，也是北美最大的A330運航者。該公司運航的A330原本是從2010年合併

■ 機腹貨艙

A330做成能裝載2排LD-3貨櫃的最小機身直徑，後方貨艙能裝載14個LD-3，前方貨艙能裝載18個LD-3。不過，如果是長程航班，機腹下方會設置機組員休息室，所以能夠裝載的貨櫃數量會稍微減少。這次拍攝的客機還沒有裝設機組員休息室，但據說這個要在美國安裝。天花板的部分，裝設有通往主艙的艙門（右邊相片）。

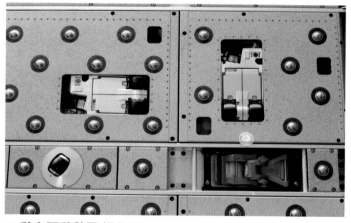

■ 動力驅動裝置（PDU）

機腹貨艙裝設有用於移動貨物的PDU和固定裝置。銀色四方形部分即為PDU，併排著兩個用來移動貨物的黑色滾輪。以前是合為一個大型滾輪，但是A330neo改成兩個一組的小型滾輪，能夠更確實地移動貨物。

■ 燈具類

A330neo機體內外的燈具/照明系統採用LED。家用的場合，可以把燈泡型LED直接插入和白熱燈泡相同的燈座，但客機用的照明系統沒有這麼簡單，必須從配線等等重新設計製造。也就是說，舊機體在改裝時，照明系統大多保留不變。

的西北航空移轉過來的機體。西北航空使用32架A330作為DC-10及747的後繼機型。基於它的飛航績效，達美航空追加引進10架A330，又於2014年訂購A350和新型的A330neo。現在，A350主要投入亞特蘭大及底特律～羽田航線之類的超長程航線，比它稍小且航程稍短的A330neo則投入西雅圖、洛杉磯、明尼亞波利斯～羽田航線。

此外，達美航空在成田機場設有整備據點「達美技術營運中心」（Delta TechOps），在法國圖盧茲接收的新造客機會送到這裡安裝Wi-Fi天線等等，完成啟航前的最後整備作業。這次拍攝的也是這種啟航前的機體，並且有幸訪問到整備部的哈姆常務次長與富

■ 高升力裝置

高升力裝置的構造基本上和A330ceo相同，內側為雙縫式，外側為單縫式，前緣為縫翼，但襟翼的動作結構和收納的整流片縮小了。此外，最靠近機身的縫翼和機翼及機身結合部位的整流罩形狀也變更了。

■ 主翼

主翼的翼尖改成鯊鰭小翼，翼展也加大了，但基本上和A330ceo相同。大幅下垂的部分是副翼，雖然分割成兩片，但並非像波音客機一樣依照速度分為成全速用和低速用。

■ 鯊鰭小翼

翼尖不再採用傳統的小翼，改成彎度加大的曲線形鯊鰭小翼。這也是分辨A330neo和A330ceo最明顯的差異之一。

塚智邦部長。

機體尺寸
長度和A330ceo相同但座位數增加

A330neo依照其機身長度分成A330-800（全長58.8公尺）和A330-900（63.7公尺）這兩種機型，分別對應於傳統型的A330-200和A330-300。雖然全長不變，但是透過重新設計機艙配置，A330-800可以比A330-200多6個座位（最多406座），A330-900可以比A330-300多10個座位（最多440座）。達美航空的A330neo（A330-900）是4級艙等共281座。

空巴表示，A330ceo和A330neo有95%的零件可以通用，因此對正在使用A330ceo的航空公司而言是很大的優點。也不是沒有想過，如果趁這個機會做出各式各樣的新東西，不是很好嗎？但是新零件必須全部重新進行測試以取

■ 尾翼

A330neo機身和主翼的主要材料採用傳統的鋁合金，但是從A330ceo起，垂直尾翼和水平尾翼就改用CFRP（碳纖維強化塑膠）製造。垂直尾翼本身的高度是8.3公尺，水平尾翼的翼展是19.4公尺，水平尾翼內部裝設有用於配平（trim）的油箱。

得認證，這會加長開發時間、增加開發費用，這麼一來機體價格就會高漲。對於航空公司來說，如果能在盡量不變的情況下提高性能、經濟性及舒適性（亦即競爭力），那就再好不過了。

機身直徑和A330ceo一樣是5.64公尺，但這也是直接沿續空巴第一個產品A330的機身直徑。不過，全長比A300的53.6公尺更長，初期的A300最多345座，A330-900則約增加了100座之多。

機翼與高升力裝置
具有噴射客機最大等級的展弦比

A330ceo是以A300的大型化及長程化為目的而開發出來的機型。主翼採用全新的設計，一方面是為了因應大型化，一方面是為了追求比在石油危機之前開發的A300更具有經濟性。讓人印象最深刻的，是影響巡航阻力的展弦比（長寬比）非常大，A300是7.7，A330ceo則達到10.6，而且在翼尖裝設小翼。這比大約同世代的777-200/777-300的8.68大，也比新的787的9.59大，效率更是大幅提升。

A330neo的主翼基本上和A330ceo相同，但翼尖部分從小翼改為類似A350

■ Trent 7000發動機

達美航空的A330ceo裝配P&W的PW4000或GE的CF6-80E1發動機，A330neo則只裝配RR的Trent 7000發動機。比起A330ceo曾經用過的Trent 700，雖然推力增大，但燃油效能卻改善了大約11%，噪音也降低了一半左右。而通常並不需要輸出全力，所以推力增加提供了「更多餘裕」，有助於提升信賴性和耐久性。

■ 風扇

風扇直徑從Trent 700的2.45公尺加大到2.85公尺，旁通比也從5增加到10。複雜曲面的寬大扇片使用中空的鈦製成。此外，為了因應機內用到的電力增加，裝配於發動機的發電機也提升了發電能力。

**■ 衝壓氣渦輪
收納裝置**

在單側發動機停止運轉時會開啟的RAT（ram air turbine，衝壓氣渦輪），平時收納在右翼的收納襟翼動作結構的整流片內（紅線框的部分）。

的鯊鰭小翼，全寬從60.3公尺加寬到64.0公尺，展弦比達到11。順帶一提，鯊鰭小翼是用輕量的複合材料製成，雖然翼寬加長，但重量只有增加一點點。

高升力裝置基本上和A330ceo相同，但是最靠近機身的縫翼、機翼以及機身結合部位的整流罩形狀做了變更，而且襟翼的動作構造和收納它的整流罩也縮小了。

發動機和起落架
旁通比倍增而噪音減半

A330ceo準備了三家大公司的發動機，A330neo則只能用勞斯萊斯（RR）Trent 7000。這是以787-10裝配的Trent 1000TEN為基礎的發動機，較大的差異是它附加了能用於機艙加壓等等的分氣系統。

和A330ceo裝配的Trent 700相比，風扇直徑從2.47公尺加大到2.85公尺，旁通比從5增加到10。由於直徑加大，所以空氣阻力增加，重量也隨之增加，但燃料消耗量卻改善了11%。此外，噪音也降低10db。如果以人類的聽覺來說，噪音相當於減少了一半。

由於發動機直徑加大，發動機掛架的形狀也必須改變，改懸吊在更高的位置。如果把這麼大的發動機懸吊在主翼前面，特別是在飛機起降的時候，會對主翼周圍的氣流產生不良影響，所以發動機短艙加裝在高仰角時會產生渦流的安定翼。

起落架的結構和A330ceo相同，但是最大起飛重量從242公噸增加到251公噸，所以強度和煞車能力也相應提高。順帶一提，A330ceo有個四發的姐妹機A340，這個機型的最大起飛重量達到大約275公噸（A340-200/A340-300），

起落架　Landing gear

■ 主起落架

主起落架的支架採取傾斜設置，當飛機以機頭上仰的姿態降落時，能夠立刻接收觸地的衝擊。A330neo的主起落架為了配合最大起飛重量的增加，提高了強度和煞車性能，不過它的結構基本上和A330ceo的主起落架相同。每個機輪都裝配多重碟式煞車，機輪內側並排裝設許多個煞車用汽缸。

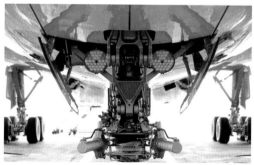

■ 前起落架

A330neo的起落架是法國賽峰集團（Safran）的產品。前起落架裝設有轉向裝置和滑行燈，不僅採用LED，並且加寬了照明的角度，不再需要傳統的旋轉燈具。閃著黃光的燈泡是停機煞車的顯示燈。

姐妹機之中四發的A340機體較重，所以機身中央有裝配起落架，但A330沒有。不過，用於收納中央起落架的部分等等仍然保留著。

所以追加了中央起落架以便分散荷重。A330沒有裝配中央起落架的選項，但是機身仍然保留著收納中央起落架的空間。

客艙
廣體最小直徑卻有舒適感

A330的機身從A300起就沒有改變，一直是直徑5.64公尺的圓形斷面，機腹貨艙剛好能夠裝載2排LD-3貨櫃。由於機身相當細長，空氣阻力也很小。A300/A330在機身逐漸變細的後部，為了確保機腹貨艙的空間，特地把地板往上傾斜，由此可以看出是多麼力求緊

■ 至臻商務套房

最前面的商務艙設置29個「至臻商務套房」（Delta One Suite），配備能夠調低180度的全躺平座椅。不僅用屏板分隔，還可以關門，感覺就像包廂。

■ 經濟艙

經濟艙有一般的主艙（168座）和腳部空間稍微大一點的「達美優悅經濟艙」（Delta Comfort＋）（56座）。座椅有一部分用紅色區別。

■ 達美尊尚客艙

豪華經濟艙設置28個「達美尊尚客艙」（Delta Premium Select）。座椅寬47公分，比經濟艙只多１公分，但採取橫向一排2＋3＋2的７座式配置，加大與鄰座的間隔，所以感覺上比實際數值更舒適。

■ 太空艙

達美航空的A330neo採用空巴的新內裝「太空艙」（Airspace Cabin），艙內照明改用彩色LED，艙頂置物櫃的容量加大66%。雖然是空巴客機共通的規格，但艙頂置物櫃減少內部的隔板，也放得下長形物品。

實。從外觀也可看出，從第３個門之後的窗戶是斜斜地往上排列。

那麼，客艙內部會不會擁擠呢？絕對沒有這回事。經濟艙為橫向一排８座式（2＋4＋2），每一個座位的寬度比橫向一排9座式的787，和橫向一排10座式的777還要寬敞。不管從哪一個座位出去走道，最多只須越過一個座位即可，

十分舒適。此外，A330neo的內裝和艙內的照明換新，艙頂置物櫃的容量也增加了66%。

另一方面，長程航線不可或缺的機組員休息室，不像其他廣體客機能夠設置在天花板內，所以在機腹貨艙設置能夠裝卸的貨櫃型機組員休息室，可以從客艙出入。雖然會減少能夠裝載的貨物

■ 廁所

設置8個廁所。其中一個把門加寬，可供輪椅進出使用。此外，為了應對新冠肺炎病毒的流行，特地裝設不必接觸就能流出水的水龍頭。

■ 廚房

廚房設在1號機門附近、2號機門附近與最後面，一共3處。最前方的廚房配備咖啡機（使用星巴克的咖啡豆）和開瓶器（下方相片）。用於加熱食物的烤箱全部採用蒸汽式。

■ 緊急出口

機門有較寬的A型和較窄的I型（只有第3個機門），但開閉方法基本上都相同，朝外側前方滑動開啟。滑道套件收納在機門下方的袋子裡，在緊急逃生時，把機門打開，滑道就會自動展開。指示出口的標誌從傳統的英文（EXIT）改成象形符號。從787/A350之後，客機開始流行象形符號，但達美航空的客機在這之前，就已經全部改成象形符號。

量，但機組員休息室在不需用到時可以拆卸下來。

駕駛艙
與A330ceo相同的駕駛艙
引進A350的新機能

　A330neo的駕駛艙基本上和A330ceo相同，甚至可以說幾乎和1987年首次飛行的A320一模一樣。A320是第一架採

用具備防護機能的數位FBW（線傳飛控）操縱系統的客機。以往的客機，機師多多少少必須依據機體的尺寸及特性來操作駕駛盤，但A320的側桿改成向電腦指示機體姿態的開關一樣的裝置，所以即使機體的尺寸不一樣，機師也沒有必要調整力道大小等等。此外，大多數系統也改成自動化，幾乎不再有因為機型不同導致操作不同的情況。無論哪個

■ 駕駛艙

A330neo和A330ceo的駕駛艙幾乎完全相同，即使是航空業內人士恐怕也很難分辨吧？若要勉強來說，就是頂置面板增加了新裝置的開關，以及在飛行中能夠看到對應於新機能的訊息及符號而已。順帶一提，A330neo也把能一邊看著窗外景物，一邊確認飛行資訊的抬頭顯示器（HUD）列為選配，但或許是因為重視與A330ceo的共通性，幾乎沒有航空公司選用。

機型，基本上只要全部設定「AUTO」就行了。因此，空巴把A320的駕駛艙作為標準規格，即使更大型的A330也幾乎全部沿用。

其後，更大的A380及A350變更了顯示器的大小和數量，並追加了新的機能，但使用側桿的操作方法及基本程序（步驟）仍然一致。也因為這個緣故，雖然A350的駕駛艙乍看之下給人完全不同的印象，但是駕駛證照卻認可與A330共通。A330neo的駕駛艙如果也要和新的A350相同，應該沒有問題，但空巴卻把它做成和A330ceo相同，可見更重視A330家族的共通性。

不過，A330neo雖然外觀上和A330ceo相同，但從A350引進了新機能，成為適合21世紀的客機。打個比方來說，就像是換了新的智慧型手機，又追加更便利的應用軟體一樣，雖然外表相同，使用方法也相同，但更能確實運用新的機能。

※由於安全性的關係，這次無法拍攝駕駛艙，此處刊登的駕駛艙內部相片，是不同時間點拍攝的其他公司飛機。

■ 操縱裝置和顯示器

操縱裝置是空巴客機的標準裝備側桿。和操縱盤一樣，前後搖動控制俯仰（pitch）、左右搖動控制滾轉（roll），但基本上，只有在想要改變機體姿態時才需要操作，其他時候可以放手不管。主顯示器是位於機師正前方的顯示速度、姿態、高度、自動駕駛模式等資訊的PFD（主飛行顯示器），其內側是顯示目前位置及路線等資訊的ND（導航顯示器），中央是顯示發動機及注意資訊的ECAM（electronic centralised aircraft monitor，飛機電子集中監視系統）（上）及顯示系統相關資訊的MFD（ulti-function display，多功能顯示器）（下）。更外側有用於固定EFB（電子飛行包）的台座。

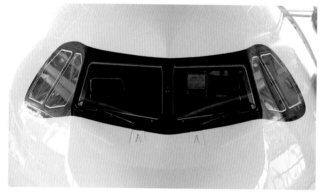

■ 駕駛艙窗

駕駛艙的窗戶全部使用平面玻璃。側面第2個窗能打開作為機師的緊急出口，也能在擋風玻璃（正面窗）髒汙時方便清理。正面窗除了雨刷之外，還裝配了沖洗器。

■ 駕駛艙窗戶周圍的塗裝

駕駛艙窗戶的周圍和A350一樣塗成黑色。空巴表示，A350的黑漆「是強調設計上的要素，沒有技術意義」。實際上，也有像ANA的A320neo這樣不採用黑漆的案例，但是達美航空認為它具有防止反射的效果，所以採用黑漆。

雙發和四發的廣體姐妹機

空巴A330&A340
衍生機型全面解說

引進走在時代尖端的高科技

在1970年代，美國製噴射客機霸占了整個航空市場。
歐洲主要飛機製造商為了強化競爭力，共同組成了空中巴士工業公司。
最初開發的雙發廣體客機A300在商場上陷入苦戰。
然而，1980年啟動的雙發窄體客機A320大膽地引進尖端技術，
成為第一架採用數位式FBW（線傳飛控）操縱系統等的民用客機，
一躍而成為熱門產品。
把這個A320的系統結合A300/A310機身所開發出來的中長程廣體客機，
就是A330/A340家族。

文=久保真人

Charlie FURUSHO

空中巴士A330

A330是空巴繼A300之後的第二個廣體雙發機。在1980～1990年代，ETOPS不像現在這麼寬鬆，雙發機從事海上飛行等長程飛航時，受到極為嚴格的限制，所以長程國際航線的主角當然是三發機與四發機，也因此開發A330主要作為中程用的客機。雖然說是中程客機，但它的性能也足以應對長程飛行，因此在ETOPS放寬之後，便漸漸擴大活動範圍，成為帶動「雙發機全盛時代」的翅膀。現在，換裝發動機等改良後的新世代機型A330neo堂堂登場，使得A330邁入新的發展階段。

A330 規格

	A330-200	A330-200F	A330-300
全寬	60.30 m	←	←
全長	58.82 m	←	63.66 m
全高	17.39 m		16.79 m
機翼面積	361.6㎡	←	
發動機型式*	PW4170(31,751kg) CF6-80E1A4(31,085kg) Trent772-60(32,250kg)	PW4170(31,751kg) Trent772-60(32,250kg)	PW4170(31,751kg) CF6-80E1A4(31,085kg) Trent772B(32,250kg)
最大起飛重量**	251,000kg	233,000kg	242,000kg
最大降落重量**	186,000kg	187,000kg	187,000kg
空重**	176,000kg	178,000kg	175,000kg
最大燃油容量**	139,090ℓ	97,530ℓ	139,090ℓ
最大巡航速度	M0.86	←	←
航程**	15,094km	7,400km***	11,750km
標準座位數	220-260	—	250-290
首航年度	1998	2010	1994

	A330-800	A330-900
全寬	64.00 m	←
全長	58.82 m	63.66 m
全高	17.39 m	16.79 m
機翼面積	n/a	n/a
發動機型式*	Trent7000-72(33,039kg)	Trent7000-72(33,039kg)
最大起飛重量**	251,000kg	←
最大降落重量**	186,000kg	191,000kg
空重**	176,000kg	181,00kg
最大燃油容量**	139,090ℓ	←
最大巡航速度	M0.86	←
航程**	15,094km	13,334 km
標準座位數	220-260	260-300
首航年度	2020	2018

*代表性的發動機型式
** 現在生產機型或生產末期的規格
*** 酬載61公噸

由於ETOPS放寬而得以全力發揮潛能

A330-300
從中程用客機提升性能成為長程用客機

空巴於1980年為了開發A320而啟動SA（單走道）系列。到了1980年代後半期，考慮運用當時所建立的FBW操縱系統，開發新的廣體中型機。在那個時代，雙發機波音767和A310才剛終於

Airbus

A330-300

取得120分鐘ETOPS的許可，所以當時空巴計畫中程用新機型，打算開發經濟性較高的雙發機ＴＡ（雙走道）9、ＴＡ12，而適合長時間海上飛行的長程用新機型，則打算開發不受規定限制的四發機ＴＡ11。

這項計畫預定機身和機頭沿用和A300相同的設計，並且把新設計的主翼、尾翼、主起落架、操縱系統、駕駛艙加以共通化，差別只在發動機數量及相關結構與系統而已。1987年6月5日，雙發機A330和四發機A340同時啟動，正式開發作業則由A340率先著手，以利對抗被747獨霸的長程航線市場。A330與現有機型A300-600R/A310的市場重疊，所以將在稍後利用開發A340所獲得的專業知識進行開發。

機身的直徑5.64公尺、內徑5.26公尺，都和A300/A310相同，經濟艙基本上採取2-4-2的橫向一排8座式配置。客艙設備是把A300-600R/A310升級，採用附有欄杆的大型置物櫃及最新的機上娛樂（in flight entertainment，IFE）系統。機腹貨艙最多能裝載33個LD-3貨櫃。駕駛艙和A320相同，採取以6個CRT顯示器為中心的設計，機師使用側桿及踏板進行操縱。

最初開發的A330-300是四發機A340-300拿掉外側發動機的雙發版本。發動機可以選用64000～72000lbf級的奇異CF6-80E1、普惠PW4164或勞斯萊斯

Trent 700。第一架裝配CF6-80E2，1992年11月2日首次飛行。1993年10月21日取得歐洲聯合航空署（JAA）和美國聯邦航空管理局（FAA）的型號認證。

接著，裝配PW4164的機型及裝配Trent 722-60的機型分別於1994年6月2日、1994年12月22日取得型號認證。1993年12月30日裝配CF6-80E1A2的MSN（和A340共通編號）37（F-GMDB）交付給法國內陸航空，於1994年1月17日開始運航。

空巴會依據裝配的發動機，以次型編號的十位數及個位數做區別。以A330-300來說，裝配CF6的型號為A330-301～303，裝配PW4000的型號為A330-321～323，裝配Trent 700的型號為A330-341～343。

引進A330-300的主要客戶為當時正在營運DC-10及L-1011的東南亞及歐洲的航空公司，國泰航空、泰國國際航空、嘉魯達印尼航空（印尼鷹航）等公司也將其投入日本航線。

由於發動機的信賴度及推力的提升，使得最大起飛重量增加，於是航程從初期型的8800公里級逐漸拉長，到了1995年之後，已經能夠製造出超過10000公里，也就是所謂A330-300X的機型。在A330-300投入航行之後的1995年2月，裝配CF6-80E1A2的機型取得JAA的180分鐘ETOPS許可，這麼一來，就算是以往使用A340飛航的大陸間航線，如今也能幾乎不受限制地飛航。2009年10月，取得全世界第一個240分鐘ETOPS許可，相當於雙發機的飛航已經不受任何限制。

現在，由於取得72000lbf級發動機，使得雙發機的經濟性大幅增加，因此製

A330-200

造出燃料搭載量增加到139090公升，最大起飛重量提高到242000公斤，航程11750公里的機型。或許是在這樣的背景之下，芬蘭航空、土耳其航空把日本航線從A340逐步換成A330，西北航空也引進A330作為DC-10的後繼機型投入太平洋航線。凡此種種，讓A330在長程航線的活躍更為亮眼。

天馬航空是日本唯一引進A330-300的航空公司。2014年6月14日，裝配Trent 772B-60的MSN1483（JA330A）開始投入羽田～福岡航線，共租賃10架。但是，由於A380取消採購合約產生違約金，以及A330的營運成本增加導致收益嚴重低落，致使該公司於2015年1月28日宣告破產。結果，為了重新建立公司，打算把客機統一為737-800，於是A330在投入飛航僅僅半年後的2015年1月31日正式結束營運，引進的5架全部歸還租賃公司。從此之後，再也沒有日本的航空公司引進A330。

以全球來說，因為初期的機體為三發廣體客機，以及從2010年開始767及姐妹機A340都有替換需求，使得A330的訂單源源不絕，到2023年4月為止已經交付了776架。

A330-200
長程航線用的機身縮短型

對於高經濟性的雙發機需求，並不僅止於中程航線，連結大陸間的長程航線也逐漸在增加。空巴除了把A330-300的重量持續增加，把航程逐漸拉長之外，也計畫打造比A330-300更能做長程飛航的雙發機A330-200。A330-200是把A330-300的主翼前後的機身縮短（全長

縮短4.84公尺）使其輕量化，並且增加油箱容量，以和A330-300重量增加型相同的139090公升為標準，把航程拉長到11950公里。

由於縮短機身，改變了從重心到水平尾翼的基準點，因此把垂直尾翼拉高1.04公尺。發動機可以選用和A330-300一樣的3家公司產品，分別採用推力增強型。標準座位數為220～260座，比A330-300少了30座左右，機腹貨艙可以裝載27個LD-3貨櫃。

A330-200於1995年11月24日啟動，第一架裝載PW4168A發動機，於1997年8月13日完成首次飛行。接著，裝載CF6-80E1A4的客機和裝載Trent 722B-60的客機也進行了首次飛行。裝載CF6的客機於1998年3月31日取得JAA和FAA的型號認證，MSN211（C-GGWB）交付給加拿大3000，於1998年4月開始提供載客服務。

A330-200持續改良，把引進重量增加選項的A330-200航程延長到15094公里。結果，儘管是一般訂單較少的機身縮短型，截至2023年4月為止也交付了654架之多，這還沒有把軍用型A330-200MRTT計算在內。

A330-200F
取代A300F4-600R的
中型貨運專用機

空巴於2007年停產純貨運型的

A330-200F

A300F4-600，但在2007年1月決定開發以A330-200為基礎的A330-200F作為後繼機型。由於這項決定，讓空巴的產品線仍然保留著貨運專用機。A330-200F是因應DC-10F及MD-11F後繼機需求而開發的新世代中型貨機，與大型貨機相比，每公噸的飛航成本最多可削減35%，而且具有低油耗、排放廢氣少、低噪音等環境友善的優點。

機體的尺寸和客機型的A330-200相同，在L1機門後方開設和A300F4-600同尺寸的大型貨物艙門。此外還做了一些變更，例如把主艙地面強化，配備用於裝卸貨物的滾輪等裝置，並且取消客艙的窗戶等等。

主艙最多可裝載22片PAG棧板（深3.18X寬2.24X高1.62公尺），機腹貨艙的前方和後方合計最多可裝載26個LD-3貨櫃。最大酬載達到61公噸。

發動機裝配70000～72000lbf級的PW4170或Trent 772-60（選用CF6-80E1A的機型並未生產），最大起飛重量233000公斤，航程7400公里。

A330-200F外觀最特別的地方應該是前起落架部分的隆起吧！A330採用和A300相同的前起落架搭配新設計支柱較長的主起落架，所以停在地面時，呈現機頭下傾靠近地面的姿態。但是貨機為了裝卸貨物方便，最好停在地面時，讓主艙呈水平狀態。所以A330-200F把前起落架的安裝部位改在比較低的位置，相當於把機頭抬高以便取得水平。因此，必須裝設整流罩把收納後的前起落架包住。

第一架A330-200F裝配Trent 772B-60發動機，於2009年11月5日首次飛行，2010年4月9日取得EASA的型號認證。第一次交付是在2010年7月20日，由阿提哈德航空接收了裝配Trent 772B-60發動機的MSN1032（A6-DCA）。

截至2023年4月為止，A330-200F總共交付了38架。

A330neo（A330-800/-900）
引進新技術而更新再造

空巴於2005年10月啟動A330的發展型A350。但是，和已經在開發中且同尺寸的波音787相比，新技術的引進和創新性都有所不足，致使下單的航空公司要求改善機體計畫。因此，空巴於2006年12月改為A350XWB而重新啟動。這個機型就是現在JAL等全球大航空公司所引進的300～400座級A350-900/A350-1000。

另一方面，空巴也計畫更新比A350稍小而長銷的A330，而於2014年7月14日在范保羅國際航空展中，發表裝配新世代發動機的A330neo。

A330neo宛如把A350的初期計畫具體實現，做了延長主翼等設計變更，並把翼尖的小翼改為新設計的鯊鰭小翼，藉此改善空氣動力性能。發動機一律使用勞斯萊斯的72000lbf級的Trent 7000，這種發動機納入了A350XWB所採用的Trent XWB技術，目標是將燃料消耗量改善25%。

A330-800neo

A330-900neo

駕駛艙沿襲A300-200/A300-300的設計，客艙採用「Air Space」，調整廚房及廁所的配置使其更有效率，座位數增加10座左右，並且採用新設計的大容量置物櫃和LED照明。

與A330-300相同尺寸的A330-900於2017年10月19日首次飛行，2018年9月26日取得EASA的型號認證。第一次載客服務是MSN1836（CS-TUB）於2018年12月15日投入TAP葡萄牙航空的里斯本～邁阿密航線。

和A330-200相同尺寸的A330-800於2018年11月6日首次飛行，2020年2月13日取得EASA和FAA的型號認證。第一次交付是在2020年10月29日，交付MSN1964（9K-APF）及MSN1969（9K-APG）給科威特航空。

A330neo截至2023年4月為止，A330-900交付了92架，A330-800交付了7架。

A330-P2F
因應貨運需求擴大的改裝機

空巴於2012年3月發表將A330客運型轉換成貨運型的P2F（Passenger to Freighter）計畫。由位於德國德勒斯登的空巴子公司EFW（Elbe Flugzeugwerke，易北飛機製造廠）和新加坡的ST Aerospace（新加坡科技航太）所指定的全球9處工廠實施改裝作業，在L1機門後方增設大型貨物艙門、強化主艙的地面、取消客艙的窗戶等等。作為貨運專用機而生產的A330-200F，為了停在地面時能使主艙保持水平，特地把前起落架的安裝位置移到下方，並在收納前起落架的部分裝設整流片，但是P2F的前起落架位置仍然與客機型時代相同，

沒有改變。這麼一來，要把貨物裝上主艙時就變成上坡，所以裝配具有動力的貨物裝卸用滾輪。

以A330-300為基礎的P2F最大酬載為62公噸，最大起飛重量為233000公斤，航程為6780公里。2017年11月取得EASA的補充型號認證，第一架改裝貨機MSN116（EI-HEA）於同年12月1日交付給DHL歐洲航空運輸（European Air Transport）。A330-200P2F的第一架改裝貨機MSN610（SU-GCF）則於2018年6月交付給埃及航空。

A330-700L 超級大白鯨
空巴生產上不可或缺的
第三代大型特殊運輸機

一直以來，空巴都是透過專用運輸機，把在歐洲各地生產的大型組件，運送到位於圖盧茲和漢堡的最後組裝工廠。第一代專用運輸機是由C-97改裝的超級彩虹魚（Super Guppy）。接著，是以A300-600為基礎的A300-600ST大白

A330P2F

Airbus

Beluga XL

A330MRTT

Airbus

前方設置上開式大型貨物艙門，藉此能夠運送A350的主翼等組件。酬載50.5公噸，最大起飛重量227000公斤，在最大酬載情況下的航程為4300公里。

A330MRTT
以民用型為基礎的多用途加油機

空巴子公司空巴國防與太空（Airbus Defence and Space）除了四發渦槳大型運輸機A400M、颱風戰鬥機（Euro-fighter Typhoon）、雙發渦槳戰術運輸機C295之外，也生產以A330-200為母機的空中加油運輸機A330MRTT。

A340在機翼下方安裝外側發動機的位置，裝配錐套式（probe-and-drogue）加油軟管，以及在機身尾部下面裝配飛桁式（flying boom）加油桿。利用這些設備，能對颱風戰鬥機、龍捲風戰鬥機、美洲豹攻擊機、F/A-18大黃蜂、F16、F-35A等多種飛機補充燃料。

主艙以經濟艙規格而言最多可容納300人，最大酬載45公噸，航程在運貨時為12500公里。

第一架於2007年6月15日首次飛行。第一架MSN747（A39-001）於2011年6月1日交付給啟動客戶澳洲空軍，編號KC-30A。其後NATO、法國、英國、荷蘭、沙烏地阿拉伯、UAE、新加坡、韓國相繼引進，截至2023年4月為止，一共受訂68架，已經交付56架。

鯨（Beluga）。其後，開發以裝配Trent 772B-60（71000lbf）的A330-200F為基礎的A330-700L超級大白鯨（Beluga XL），作為A300-600ST大白鯨的後繼機型，第一架於2018年7月19日首次飛行。2020年1月9日由空巴國際運輸（Airbus Transport International, ATI）開始投入飛航，總共生產5架。

和A300-600ST大白鯨一樣，主艙上設置容積擴大30%的圓筒形貨艙，貨艙

空中巴士 A340

A340是空巴第一架四發機，在開發之初，原本預定主要用於長程國際航線。初期型的A340-200/A340-300是除了發動機數量之外，結構及系統都和A330幾乎相同的姐妹機。後來，加長機身而成為世界最長尺寸（當時）的A340-600，和擁有世界最長續航能力（當時）的超長程型客機A340-500也加入這個家族。但是，由於雙發機的性能及信賴性大幅提升，使得在燃油效能及整備費用等方面處於劣勢的四發機，逐漸在市場上陷入苦戰。最後因為沒有比照A330進行neo化（新世代化），終至走上停止生產的命運。

A340 規格

	A340-200	A340-300	A340-500	A340-600
全寬	60.30 m	←	63.45m	←
全長	59.40m	63.69m	67.93m	75.36m
全高	16.80m	←	17.53m	17.93m
機翼面積	361.6㎡	←	437.3㎡	←
發動機型式(推力)*	CFM56-5C4 (15,300kg)	CFM56-5C4/P (15,300kg)	Trent553 (25,200kg)	Trent556 (27,000kg)
最大起飛重量**	275,000kg	276,500kg	380,000kg	380,000kg
最大降落重量**	180,000kg	192,000kg	246,000kg	265,000kg
空重**	169,000kg	183,000kg	232,000kg	251,000kg
最大燃油容量**	155,040ℓ	147,850ℓ	222,850ℓ	204,500ℓ
最大巡航速度	M0.86	←	←	←
航程**	12,400km	13,500km	16,670km	14,450km
標準座位數	210-250	250-290	270-310	320-370
首航年度	1993	1993	2003	2002

*代表性的發動機型式　**生產末期的規格

Charlie FURUSHO

Charlie FURUSHO

A340-200

A340-200
空巴第一架長程用四發機

1987年6月5日，空巴同時開啟了中程使用雙發機A330和長程使用四發機A340的開發工作，首先從A340著手，然後是A330。A340將成為第一個把A320建立的FBW操縱系統引進廣體客機的機型。

以往的飛機在駕駛艙和操縱翼面致動器之間用機械式結構連結，FBW操縱系統則沒有這種結構，所以駕駛艙裡面沒有裝配在以往飛機上可以看到的操縱桿，取而代之的是稱為側桿的小型控制裝置。機師使用這個側桿及踏板進行操縱。實際上，側桿和纜線、致動器之間並非物理性的連結，當機師操作側桿時，電腦會將感知到的動作轉換成訊號，再傳送到致動器，藉以操縱翼面。

A340企圖利用與A320、A330的共通機組員證照制度，縮短機師取得限定機型證照的訓練，讓引進這3個機型的航空公司，能夠減少訓練時間和訓練費用等等，從而成為一個賣點。從A330轉移到A340只需要3天的訓練，從A320轉移到A340只需要7天的訓練，即可取得證照。

在介紹A330的時候也有提到，空巴採用A300的機身和A310的垂直尾翼搭配新設計的主翼，同期開發雙發機和四發機，藉此降低開發成本。發動機也限定使用A320用過的CFM國際的CFM56系列，A340是裝配4具推力32000～34000lbf級的CFM56-5C。

A340-200的油箱設置在主翼內部及水平尾翼內部，初期型為138600公升，在貨艙內追加選配油箱的機型則可增加到155040公升。標準型的最大起飛重量為258000公斤，航程為12400公里。機身和主翼經過強化，並且在後部貨艙追加2個選配油箱的增加重量機型（開發時的航程為8000海里而稱為A340-8000），最大起飛重量為275000公斤，航程延長到14800公里。

標準型A340-200和機身較長的A340-300同時進行開發作業。A340-200進行到有2架飛行測試。首次飛行是1992年4月1日，比A340-300慢了半年，與A340-300同時在1992年12月22日取得JAA的型號認證，1993年5月17日取得FAA的型號認證。1993年2月2日，裝配CFM56-5C3的MSN8（D-AIBA）交付給漢莎航空，1993年3月15日投入法蘭克福～紐約航線開始載客服務。

A340和A330一樣，依據裝配的發動機，以次型編號的十位數及個位數區別。以A340-200來說，裝配CFM56-5C2的型號為A340-211，裝配CFM56-5C3的型號為A340-212，裝配CFM56-

5C4的型號為A340-213。A340-300也是依循這個法則。後面會談到的A340-500/A340-600，因為裝配Trent 500，所以十位數為4（A340-541）。

A340的訂單集中在機身較長的A340-300。A340-200只生產了28架。最後一架是在1997年11月27日交付給汶萊政府的MSN204（V8-AC3）。

A340-300
因應中型長程航線的需求

A340-300是和標準型A340-200同期開發的長機身型，包括A330/A340的一號機在內總共有5架投入飛行測試。首次飛行是在比A340-200更早的1991年10月25日，1992年12月22日和A340-200同時取得JAA型號認證。1993年1月15日，裝配CFM56-5C3/F的MSN7（F-GLZB）交付給法國航空，1993年3月29日投入巴黎～華盛頓DC航線開始載客服務。

A340-200全長59.39公尺，標準座位數210～250座，機腹貨艙可裝載27個LD-3貨櫃。與其相比，A340-300全長63.65公尺，標準座位數250～190座，機腹貨艙可裝載33個LD-3貨櫃。

初期型的最大起飛重量為260000公斤，航程為12001公里，這個規格最適合替換DC-10及DC-1011，所以繼漢莎航空、法國航空之後，土耳其航空、北歐航空、國泰航空、加拿大航空等公司紛紛引進，作為三發廣體客機的後繼機型。另外，瑞士航空於1990年12月收到A340-300開始，作為競爭對手MD-11的後繼機型導入運航。

日本方面，ANA於1991年3月訂購了5架A340-300作為中型長程航線用的飛機，但因國際航線的需求不振而延期引進。最後，把訂單轉換成國內航線用的A320，所以不再引進。

A340-300和A340-200一樣，採用推力提高到34000lbf的發動機，繼續增加重量。最終生產型A330-300X採用在機腹貨艙增設油箱等選項，最大起飛重量增加到276500公斤，航程延長到13700公里，成為足以與重點放在航程長度的A340-200匹敵的長程客機。

但是，由於ETOPS放寬，雙發機的長程海上飛行幾乎不再受到限制，導致高經濟性的A330訂單逐漸增加，A340的訂單則逐漸減少。1997年，經濟性和容量比A340高出一截的雙發機波音777-200ER開始投入飛航，想要採用A340的航空公司越來越少，A340-300於2005年

KAJI

A340-300

Charlie FURUSHO

A340-600

6月13日交付MSN668（F-OLOV）給大溪地航空之後結束生產。總計生產了218架。

A340-600
提升運輸能力及航程的超長機身

在長程航線方面，由於雙發機的竄升導致A340-200/A340-300的競爭力日漸下滑，因此空巴開始開發把A340大型化並延長航程的衍生機型A340-500和A340-600，以便對抗波音777的長程型客機。這項衍生機型計畫在1997年的巴黎國際航空展上發布，於同年12月8日啟動。

開發作業從長機身型A340-600先行著手。A340-600把A340-300的機身往主翼前後延長9.07公尺，全長多出10.6公尺，達到75.30公尺，成為當時最長的客機。標準座位數為320～370座，最多可到475座。機腹貨艙最多可裝載43個LD-3貨櫃。

主翼比A340-200/A340-300加長約1.6公尺，並裝設大型化的小翼，使得全寬加長了3.15公尺。垂直尾翼使用複合材料製成，並改為A330-200所採用的天地1.04公尺高。由於重量增加，在主起落架之間加裝的中央起落架，從A340-200/A340-300的2輪式強化為4輪轉向架式。

發動機統一採用56000～62000lbf級的Trent 500，次型編號為A340-642～643。最大起飛重量為276500公斤，航程為13500公里。

2001年4月23日首次飛行，2002年5月29日取得JAA的型號認證。2002年7月22日把MSN383（G-VSHY）交付給啟動客戶維珍航空，同年8月11日首次投入倫敦～紐約航線。

空巴在開始交付之後繼續進行改良，運用在A380所建立的新生產技術、增加重量及燃料裝載量、裝配提升推力的Trent 553-61等等，大幅提升性能。藉此，使得航程延長到14450公里。

此外，由於機身加長，提供可在機腹貨艙設置機組員用的休息室、廚房、廁所的模組選項。

A340-600獲得引進A340-300的漢莎航空、加拿大航空等客戶的訂單，但由於經濟性比不上777等因素，導致訂單流失到競爭對手777-300ER。這個結果導致空巴決定把心力投注在A380的生產和2006年11月啟動的A350XWB開發上，並於2011年11月11日宣布停止生產A340。最後一架是MSN1122（EC-LFS），於2010年7月16日交付給西班牙的伊比利亞航空。總共生產107架。

A340-500
航程超過16000公里的超長程機

A340-500把A340-300的機身加長2.13公尺，與A340-600相比，全長短7.43公尺，客艙短7.42公尺。因此，標準座位數為270～310座，單級艙的最大座位數為440座（A340-600為475座）。機腹貨艙因為增設了油箱，只能裝載31個LD-3貨櫃，比A340-300還少。

和A340-600一樣裝配Trent 500（次型編號為A340-541～542），油箱加大到222850公升，最大起飛重量為380000公斤，航程延長到16070公里。

A340-500的開發作業緊接在長機身型A340-600之後進行，第一架於2002年2月11日首次飛行，2002年12月3日取得JAA的型號認證，2003年10月23日交付MSN471（A6-ERB）給阿聯酋航空，比A340-600晚了一年半左右。其後，加拿大航空、新加坡航空、泰國國際航空等公司相繼引進。

在777-200LR於2006年3月投入飛航之前，A340-500是擁有世界最長續航性能的客機。新加坡航空於2004年2月開始將其投入新加坡～洛杉磯航線直達航班（區間距離14093公里，飛行時間16～18.5小時）。同年8月開始投入新加坡～紐約航線（區間距離16093公里，飛行時間18.5小時），創下了全球最長直達航線的紀錄。這個機型為了因應長程飛行，客艙採用商務艙64座、貴賓經濟艙117座的兩級181座特別規格。

這個新加坡～紐約航線在新加坡航空的A340-500退役之後，於2013年11月停航，但到了2018年10月11日，使用A350-900UR（Ultra Long Range）再度開航。客艙和A340-500的時代相同，採用商務艙67座、豪華經濟艙94座的兩級161座特別規格。

和A340-200一樣，這種座位里程單位成本（cost per available seat mile，CASM）較高的機身縮短型無法獲得足夠訂單，於是在2010年12月7日交付MSN1102（9K-GBB）給科威特政府之後停止生產。總共生產34架。

Charlie FURUSHO

A340-500

同為雙發廣體客機的波音767（近側）和空巴A330（遠側）。兩個機型的共通點是前者擁有窄體客機、後者擁有四發機的不同類型姐妹機。

廣體機（767）和窄體機（757）
雙發機（A330）和四發機（A340）
顛覆客機開發常識
「超凡出色的姐妹機」

波音767和757、空巴A330和A340分別是機師的飛行執照、
機體結構等方面皆具有高度共通性的姐妹機。
姐妹機給航空公司帶來了各式各樣的好處，
例如不同機型的備用零件可以共通、機師的轉移訓練時間能夠縮短等等。
但是，前者是廣體機和窄體機的組合，後者是雙發機和四發機的組合，
從傳統常識來看是分屬不同類型的客機。
近年來，客機的開發不再只是要求提升性能而已，
也要追求有利於航空公司的經營效益。
767/757和A330/A340這兩對出色的姐妹機，
可以說就是引領這個趨勢的先驅者。

文= 阿施光南　相片= 查理古庄（特記除外）

波音767

767和窄體客機757是姐妹機。雖然客艙有2條走道，但機身斷面比一般的廣體客機稍微窄一點，所以也稱為半廣體客機。

波音757

757是機身斷面和727相同的窄體客機。為了確保駕駛艙視野和767一樣，把駕駛艙裝設在跟767相同的位置，形成外觀稍顯不平衡的機體。

配備相同的駕駛艙
實現飛行執照的共通化

對於1970年代的波音而言，除了填補707和747之間的中型機（767）之外，還有開發727後繼機型的課題。雖然727賣了1800架以上，在當時極為暢銷，但因為裝配3具舊式發動機，在油耗及噪音等方面逐漸跟不上時代的要求。

因此，波音曾經提出把機身加長以求降低每個座位的成本，並且裝配改良型發動機的方案，但因為經濟性的提升並不明顯，無法吸引航空公司的興趣。原因在於如果是727的改良型，固然具有機師的證照及備用零件能夠共通化的優點，但是，在這個就連更大型的767也都已經採用雙發2名機師的時代，和三發3名機師的727具有共通性當然沒有任何吸引力。因此，波音改弦更張，決定開發全新的雙發757，除了機身直徑和727相同之外，其餘全都運用為了767

而開發出來的技術。

尤其是駕駛艙，說是和767一模一樣也未嘗不可，當然能以2名機師進行操縱之外，機師的證照也可以共通。現在像777和787、A330和A350這樣，不同客機認可共通證照的情況並不少見，但在當時卻是劃時代的創舉。只是當時認可共通證照所需的條件比現在嚴格許多，不只儀表和操縱桿等硬體，就連從駕駛艙看出去的視野等等，也要求儘可能相同。757的機頭具有獨特的氣氛（說是不自然也可以），這是因為硬要把767的駕駛艙套用在機身細窄的757，造成757的駕駛艙地板比客艙地板低了大約16.8公分。

順帶一提，波音也曾研擬縮短757機身以配置約150座的方案，如果實現的話，則波音的小型機有可能不是737而是757成為主流。757所沿襲的727機身斷面也和737具有共通性，因此兩者在乘客的舒適性等方面應該沒有差別，但

空巴A330

A330是空巴的主力廣體客機，但因為雙發機在海上飛行等方面受到極大的限制，所以開發初期針對短中程航線，至於長程航線則開發四發機A340。

空巴A340

A340的機體結構除了發動機數量之外，其餘部分幾乎都和A330相同。由於最大起飛重量比A330重，所以加裝中央起落架，這也是和A330不同的地方。

A330和A340的駕駛艙 乍看之下很難看出哪裡不一樣，但只要觀察推力操縱桿的數量即可分辨。關於飛行執照，兩個機型之間的移轉只需要極短期間的訓練就能獲得認可。

如果實現的話，就不會發生像737這樣由於裝配大直徑發動機而備感辛苦的情況了吧！

除發動機數量外幾乎完全相同的機體因ETOPS延長導致A340逐漸退場

談到出色的姐妹機，也不能忘了A330-200/A330-300（ceo）和A340-200/A340-300吧！這些姐妹機基本上相同，只有發動機數量和起落架數量不同而已，不僅駕駛及整備的證照、零件等，就連生產線也能共通，對航空公司和製造商雙方面都有好處。

A330是中程用的雙發機，A340是長程用的四發機。此外，A330有3組起落架，A340則在機身中央增加1組中央起落架，以支撐因裝載較多燃料而增加重量的機體。

但是，若要說A330的航程比A340短的話，絕對沒有這回事。尤其是機身較短的A330-200，航程達到13450公里，比機身長度幾近相同的A340-200的12400公里還要長。只是，當時雙發機能夠飛行的航線受到一項限制：萬一單側發動機發生故障時，只靠一具發動機飛至可降落的備用飛行場的飛行距離不能超過60分鐘。如果符合ETOPS（雙發動機延程飛行操作標準）的要求，則這項限制可以放寬到120分鐘或180分鐘，但四發機原本就沒有這個限制，這是它的強項。為了因應這個與機體本身性能無關，純粹因為雙發動機受到的限制，必須把長程客機A340列入商品線。

順帶一提，A340因為裝配了中央起落架，所以最大起飛重量比A330增加約30公噸（相對於A330-200的242公噸，A340-200為275公噸），但能夠裝載的燃料最大重量都在110公噸左右，差異並不大。雙發機的A330燃油效能比A340好，如果裝載相同分量的燃料，能夠飛行同等以上的距離並不足為奇。只是客機如果載滿燃料、旅客和貨物的話，將會超過最大起飛重量，所以為了得到最大航程，必須先載滿燃料，再把剩餘的重量額度拿來載運乘客和貨物。因此，最大起飛重量較大的A340會比較有餘裕。

不過，如果是情況沒有這麼嚴重的航線（例如載滿乘客和貨物仍有充分餘裕裝載充分燃料的航線），則A330這邊能夠以較低的成本飛航。而且，A330的發動機數量比較少，所以整備的工夫（也可以想成費用）及備用零件也比較少。因此隨著ETOPS對雙發機的長程飛航限制逐漸放寬，A340也就逐漸淡出長程航線了。

隸屬於日本的航空公司的
波音767/787
空巴A330全機名冊

在日本與國際皆大肆活躍
總數超過300架客機的龐大勢力

無論國內航線或國際航線，中型廣體客機都可以說是日本各家航空公司的主力機型。
尤其是日本的飛機製造商參與製造的波音767和787，
引進架數非常之多，至今仍有為數眾多的機體持續活躍著。
在日本的中型廣體客機的陣容中，不可否認空巴客機的存在感較低，
但A330確實也活躍過一段時日。這三個機型在日本設籍的機體總數（包括退役機）超過300架，
構成一股相當龐大的勢力。

相片=**查理古庄、佐藤言夫、松廣清**

※依照新登錄日期的前後順序排列。相片所示不一定是最終塗裝（最新塗裝）。　　※數據為截至2023年5月底的資料。

[註冊編號]JA8479　[型號]Boeing767-281
[製造編號]22785　[最後營運公司]全日空
[註冊日期]1983/04/26　[註銷日期]1997/08/06

[註冊編號]JA8480　[型號]Boeing767-281
[製造編號]22786　[最後營運公司]全日空
[註冊日期]1983/05/18　[註銷日期]1997/10/30

[註冊編號]JA8481　[型號]Boeing767-281
[製造編號]22787　[最後營運公司]全日空
[註冊日期]1983/06/15　[註銷日期]1998/03/23

[註冊編號]JA8482　[型號]Boeing767-281
[製造編號]22788　[最後營運公司]全日空
[註冊日期]1983/07/08　[註銷日期]1998/05/25

[註冊編號]JA8483　[型號]Boeing767-281
[製造編號]22789　[最後營運公司]全日空
[註冊日期]1983/09/13　[註銷日期]1998/08/04

[註冊編號]JA8484　[型號]Boeing767-281
[製造編號]22790　[最後營運公司]全日空
[註冊日期]1983/10/12　[註銷日期]1998/11/25

[註冊編號]JA8485　[型號]Boeing767-281
[製造編號]23016　[最後營運公司]全日空
[註冊日期]1984/02/01　[註銷日期]1999/03/11

[註冊編號]JA8486　[型號]Boeing767-281
[製造編號]23017　[最後營運公司]全日空
[註冊日期]1984/03/02　[註銷日期]1999/07/21

[註冊編號]JA8487　[型號]Boeing767-281
[製造編號]23018　[最後營運公司]全日空
[註冊日期]1984/04/10　[註銷日期]1999/09/27

[註冊編號]JA8488　[型號]Boeing767-281
[製造編號]23019　[最後營運公司]全日空
[註冊日期]1984/05/02　[註銷日期]2000/01/21

[註冊編號]**JA8489**　[型號]**Boeing767-281**
[製造編號]**23020**　[最後營運公司]**全日空**
[註冊日期]**1984/07/05**　　　[註銷日期]**2000/01/26**

[註冊編號]**JA8490**　[型號]**Boeing767-281**
[製造編號]**23021**　[最後營運公司]**全日空**
[註冊日期]**1984/10/23**　　　[註銷日期]**2000/02/23**

[註冊編號]**JA8491**　[型號]**Boeing767-281**
[製造編號]**23022**　[最後營運公司]**全日空**
[註冊日期]**1984/11/16**　　　[註銷日期]**2000/06/29**

[註冊編號]**JA8238**　[型號]**Boeing767-281**
[製造編號]**23140**　[最後營運公司]**全日空**
[註冊日期]**1985/02/08**　　　[註銷日期]**2000/09/26**

[註冊編號]**JA8239**　[型號]**Boeing767-281**
[製造編號]**23141**　[最後營運公司]**全日空**
[註冊日期]**1985/03/06**　　　[註銷日期]**2001/06/20**

[註冊編號]**JA8240**　[型號]**Boeing767-281**
[製造編號]**23142**　[最後營運公司]**全日空**
[註冊日期]**1985/04/05**　　　[註銷日期]**2004/03/26**

[註冊編號]**JA8241**　[型號]**Boeing767-281**
[製造編號]**23143**　[最後營運公司]**全日空**
[註冊日期]**1985/05/13**　　　[註銷日期]**2002/03/13**

[註冊編號]**JA8242**　[型號]**Boeing767-281**
[製造編號]**23144**　[最後營運公司]**全日空**
[註冊日期]**1985/06/11**　　　[註銷日期]**2002/06/26**

[註冊編號]**JA8231**　[型號]**Boeing767-246**
[製造編號]**23212**　[最後營運公司]**日本國際航空**
[註冊日期]**1985/07/23**　　　[註銷日期]**2011/03/10**

[註冊編號]**JA8232**　[型號]**Boeing767-246**
[製造編號]**23213**　[最後營運公司]**日本國際航空**
[註冊日期]**1985/08/16**　　　[註銷日期]**2010/12/20**

[註冊編號]JA8243　[型號]Boeing767-281
[製造編號]23145　[最後營運公司]全日空
[註冊日期]1985/09/04　[註銷日期]2002/09/25

[註冊編號]JA8244　[型號]Boeing767-281
[製造編號]23146　[最後營運公司]全日空
[註冊日期]1985/10/11　[註銷日期]2003/01/21

[註冊編號]JA8233　[型號]Boeing767-246
[製造編號]23214　[最後營運公司]日本國際航空
[註冊日期]1985/11/13　[註銷日期]2011/02/03

[註冊編號]JA8245　[型號]Boeing767-281
[製造編號]23147　[最後營運公司]全日空
[註冊日期]1985/11/20　[註銷日期]2003/03/26

[註冊編號]JA8251　[型號]Boeing767-281
[製造編號]23431　[最後營運公司]全日空
[註冊日期]1986/06/19　[註銷日期]2005/07/14

[註冊編號]JA8252　[型號]Boeing767-281
[製造編號]23432　[最後營運公司]全日空
[註冊日期]1986/07/09　[註銷日期]2003/09/22

[註冊編號]JA8234　[型號]Boeing767-346
[製造編號]23216　[最後營運公司]日本航空
[註冊日期]1986/09/26　[註銷日期]2009/04/30

[註冊編號]JA8235　[型號]Boeing767-346
[製造編號]23217　[最後營運公司]日本航空
[註冊日期]1986/10/03　[註銷日期]2009/06/16

[註冊編號]JA8236　[型號]Boeing767-346
[製造編號]23215　[最後營運公司]日本國際航空
[註冊日期]1986/12/17　[註銷日期]2009/12/25

[註冊編號]JA8254　[型號]Boeing767-281
[製造編號]23433　[最後營運公司]全日空
[註冊日期]1987/04/02　[註銷日期]2002/11/28

[註冊編號]JA8255　[型號]Boeing767-281
[製造編號]23434　[最後營運公司]天馬航空
[註冊日期]1987/04/28　　[註銷日期]2004/09/28

[註冊編號]JA8253　[型號]Boeing767-346
[製造編號]23645　[最後營運公司]日本國際航空
[註冊日期]1987/06/12　　[註銷日期]2010/03/30

[註冊編號]JA8256　[型號]Boeing767-381
[製造編號]23756　[最後營運公司]全日空
[註冊日期]1987/07/01　　[註銷日期]2012/09/14

[註冊編號]JA8257　[型號]Boeing767-381
[製造編號]23757　[最後營運公司]全日空
[註冊日期]1987/07/02　　[註銷日期]2012/04/23

[註冊編號]JA8258　[型號]Boeing767-381
[製造編號]23758　[最後營運公司]全日空
[註冊日期]1987/07/10　　[註銷日期]2009/12/09

[註冊編號]JA8264　[型號]Boeing767-346
[製造編號]23965　[最後營運公司]日本航空
[註冊日期]1987/09/21　　[註銷日期]2014/08/08

[註冊編號]JA8259　[型號]Boeing767-381
[製造編號]23759　[最後營運公司]全日空
[註冊日期]1987/09/24　　[註銷日期]2012/07/23

[註冊編號]JA8265　[型號]Boeing767-346
[製造編號]23961　[最後營運公司]日本航空
[註冊日期]1987/11/13　　[註銷日期]2011/10/06

[註冊編號]JA8266　[型號]Boeing767-346
[製造編號]23966　[最後營運公司]日本航空
[註冊日期]1987/12/08　　[註銷日期]2013/09/24

[註冊編號]JA8267　[型號]Boeing767-346
[製造編號]23962　[最後營運公司]日本航空
[註冊日期]1987/12/17　　[註銷日期]2012/09/20

[註冊編號]JA8271　[型號]Boeing767-381
[製造編號]24002　[最後營運公司]全日空
[註冊日期]1988/02/09　[註銷日期]2012/06/15

[註冊編號]JA8272　[型號]Boeing767-381
[製造編號]24003　[最後營運公司]全日空
[註冊日期]1988/04/19　[註銷日期]2012/11/14

[註冊編號]JA8273　[型號]Boeing767-381
[製造編號]24004　[最後營運公司]全日空
[註冊日期]1988/05/13　[註銷日期]2013/01/11

[註冊編號]JA8274　[型號]Boeing767-381
[製造編號]24005　[最後營運公司]全日空
[註冊日期]1988/06/07　[註銷日期]2013/05/14

[註冊編號]JA8275　[型號]Boeing767-381
[製造編號]24006　[最後營運公司]全日空
[註冊日期]1988/06/10　[註銷日期]2013/12/16

[註冊編號]JA8268　[型號]Boeing767-346
[製造編號]23963　[最後營運公司]日本航空
[註冊日期]1988/06/22　[註銷日期]2015/03/26

[註冊編號]JA8269　[型號]Boeing767-346
[製造編號]23964　[最後營運公司]日本航空
[註冊日期]1988/06/24　[註銷日期]2015/07/07

[註冊編號]JA8285　[型號]Boeing767-381
[製造編號]24350　[最後營運公司]全日空
[註冊日期]1989/04/07　[註銷日期]2013/09/30

[註冊編號]JA8286　[型號]Boeing767-381ER (BCF)
[製造編號]24400　[最後營運公司]全日空
[註冊日期]1989/06/27　[註銷日期]2020/03/04

[註冊編號]JA8287　[型號]Boeing767-381
[製造編號]24351　[最後營運公司]全日空
[註冊日期]1989/07/07　[註銷日期]2014/08/06

[註冊編號]**JA8288**　[型號]**Boeing767-381**
[製造編號]**24415**　[最後營運公司]**全日空**
[註冊日期]**1989/08/15**　　[註銷日期]**2014/09/12**

[註冊編號]**JA8299**　[型號]**Boeing767-346**
[製造編號]**24498**　[最後營運公司]**日本航空**
[註冊日期]**1989/08/25**　　[註銷日期]**2015/12/28**

[註冊編號]**JA8289**　[型號]**Boeing767-381**
[製造編號]**24416**　[最後營運公司]**全日空**
[註冊日期]**1989/09/19**　　[註銷日期]**2014/03/17**

[註冊編號]**JA8362**　[型號]**Boeing767-381ER (BCF)**
[製造編號]**24632**　[最後營運公司]**全日空**
[註冊日期]**1989/10/27**　　[註銷日期]**2019/11/19**

[註冊編號]**JA8290**　[型號]**Boeing767-381**
[製造編號]**24417**　[最後營運公司]**全日空**
[註冊日期]**1990/01/24**　　[註銷日期]**2015/02/20**

[註冊編號]**JA8291**　[型號]**Boeing767-381**
[製造編號]**24755**　[最後營運公司]**全日空**
[註冊日期]**1990/03/01**　　[註銷日期]**2015/01/21**

[註冊編號]**JA8363**　[型號]**Boeing767-381**
[製造編號]**24756**　[最後營運公司]**全日空**
[註冊日期]**1990/04/13**　　[註銷日期]**2015/03/27**

[註冊編號]**JA8364**　[型號]**Boeing767-346**
[製造編號]**24782**　[最後營運公司]**日本航空**
[註冊日期]**1990/09/21**　　[註銷日期]**2015/12/15**

[註冊編號]**JA8365**　[型號]**Boeing767-346**
[製造編號]**24783**　[最後營運公司]**日本航空**
[註冊日期]**1990/09/26**　　[註銷日期]**2016/02/17**

[註冊編號]**JA8368**　[型號]**Boeing767-381**
[製造編號]**24880**　[最後營運公司]**全日空**
[註冊日期]**1990/11/01**　　[註銷日期]**2015/10/28**

［註冊編號］JA8360　［型號］Boeing767-381
［製造編號］25055　［最後營運公司］**全日空**
［註冊日期］1991/02/19　　［註銷日期］2016/01/28

［註冊編號］JA8356　［型號］Boeing767-381ER (BCF)
［製造編號］25136　［最後營運公司］**全日空**
［註冊日期］1991/07/18　　［註銷日期］2019/08/15

［註冊編號］JA8357　［型號］Boeing767-381
［製造編號］25293　［最後營運公司］**全日空**
［註冊日期］1991/11/15　　［註銷日期］2016/02/29

［註冊編號］JA8358　［型號］Boeing767-381ER (BCF)
［製造編號］25616　［最後營運公司］**全日空**
［註冊日期］1992/05/15　　［註銷日期］**現役運行**

［註冊編號］JA8359　［型號］Boeing767-381
［製造編號］25617　［最後營運公司］**AIRDO**
［註冊日期］1992/06/30　　［註銷日期］2016/10/07

［註冊編號］JA8322　［型號］Boeing767-381
［製造編號］25618　［最後營運公司］**全日空**
［註冊日期］1992/10/15　　［註銷日期］2017/11/02

［註冊編號］JA8323　［型號］Boeing767-381ER (BCF)
［製造編號］25654　［最後營運公司］**全日空**
［註冊日期］1992/11/20　　［註銷日期］**現役運行**

［註冊編號］JA8324　［型號］Boeing767-381
［製造編號］25655　［最後營運公司］**全日空**
［註冊日期］1992/11/24　　［註銷日期］2018/02/02

［註冊編號］JA8567　［型號］Boeing767-381
［製造編號］25656　［最後營運公司］**全日空**
［註冊日期］1993/08/17　　［註銷日期］2018/11/19

［註冊編號］JA8568　［型號］Boeing767-381
［製造編號］25657　［最後營運公司］**全日空**
［註冊日期］1993/09/16　　［註銷日期］2018/11/30

[註冊編號]JA8578　　[型號]Boeing767-381
[製造編號]25658　　[最後營運公司]**全日空**
[註冊日期]1993/11/02　　　　[註銷日期]2017/08/31

[註冊編號]JA8569　　[型號]Boeing767-381
[製造編號]27050　　[最後營運公司]**全日空**
[註冊日期]1993/12/02　　　　[註銷日期]2018/12/27

[註冊編號]JA8579　　[型號]Boeing767-381
[製造編號]25659　　[最後營運公司]**全日空**
[註冊日期]1993/12/02　　　　[註銷日期]2018/12/11

[註冊編號]JA8670　　[型號]Boeing767-381
[製造編號]25660　　[最後營運公司]**全日空**
[註冊日期]1994/05/10　　　　[註銷日期]2019/05/28

[註冊編號]JA8674　　[型號]Boeing767-381
[製造編號]25661　　[最後營運公司]**全日空**
[註冊日期]1994/06/16　　　　[註銷日期]2019/07/17

[註冊編號]JA8397　　[型號]Boeing767-346
[製造編號]27311　　[最後營運公司]**日本航空**
[註冊日期]1994/08/02　　　　[註銷日期]2016/06/27

[註冊編號]JA8398　　[型號]Boeing767-346
[製造編號]27312　　[最後營運公司]**日本航空**
[註冊日期]1994/08/04　　　　[註銷日期]2016/07/28

[註冊編號]JA8677　　[型號]Boeing767-381
[製造編號]25662　　[最後營運公司]**全日空**
[註冊日期]1994/08/25　　　　[註銷日期]2019/04/25

[註冊編號]JA8399　　[型號]Boeing767-346
[製造編號]27313　　[最後營運公司]**日本航空**
[註冊日期]1994/10/04　　　　[註銷日期]2016/11/30

[註冊編號]JA8664　　[型號]Boeing767-381ER (BCF)
[製造編號]27339　　[最後營運公司]**全日空**
[註冊日期]1994/10/20　　　　[註銷日期]**現役運行**

[註冊編號]JA8669　[型號]Boeing767-381
[製造編號]27444　[最後營運公司]全日空
[註冊日期]1995/03/02　[註銷日期]2020/02/25

[註冊編號]JA8342　[型號]Boeing767-381
[製造編號]27445　[最後營運公司]全日空
[註冊日期]1995/04/28　[註銷日期]2020/08/17

[註冊編號]JA8975　[型號]Boeing767-346
[製造編號]27658　[最後營運公司]日本航空
[註冊日期]1995/06/12　[註銷日期]2020/01/15

[註冊編號]JA8970　[型號]Boeing767-381ER (BCF)
[製造編號]25619　[最後營運公司]全日空
[註冊日期]1997/02/19　[註銷日期]現役運行

[註冊編號]JA8971　[型號]Boeing767-381ER
[製造編號]27942　[最後營運公司]全日空
[註冊日期]1997/03/19　[註銷日期]2021/01/15

[註冊編號]JA8976　[型號]Boeing767-346
[製造編號]27659　[最後營運公司]日本航空
[註冊日期]1997/07/22　[註銷日期]2020/12/23

[註冊編號]JA601A　[型號]Boeing767-381
[製造編號]27943　[最後營運公司]AIRDO
[註冊日期]1997/08/08　[註銷日期]2022/01/17

[註冊編號]JA8980　[型號]Boeing767-346
[製造編號]28837　[最後營運公司]日本航空
[註冊日期]1997/09/16　[註銷日期]2022/01/27

[註冊編號]JA8986　[型號]Boeing767-346
[製造編號]28838　[最後營運公司]日本航空
[註冊日期]1997/12/10　[註銷日期]2020/05/15

[註冊編號]JA602A　[型號]Boeing767-381
[製造編號]27944　[最後營運公司]AIRDO
[註冊日期]1998/01/21　[註銷日期]2021/12/17

[註冊編號]JA8987　[型號]Boeing767-346
[製造編號]28553　[最後營運公司]日本航空
[註冊日期]1998/02/17　[註銷日期]2020/12/23

[註冊編號]JA98AD　[型號]Boeing767-33AER
[製造編號]27476　[最後營運公司]AIRDO
[註冊日期]1998/03/30　[註銷日期]2021/02/01

[註冊編號]JA767A　[型號]Boeing767-3Q8ER
[製造編號]27616　[最後營運公司]天馬航空
[註冊日期]1998/08/19　[註銷日期]2008/06/18

[註冊編號]JA767B　[型號]Boeing767-3Q8ER
[製造編號]27617　[最後營運公司]天馬航空
[註冊日期]1998/10/28　[註銷日期]2008/08/27

[註冊編號]JA8988　[型號]Boeing767-346
[製造編號]29863　[最後營運公司]日本航空
[註冊日期]1999/11/29　[註銷日期]2021/12/21

[註冊編號]JA01HD　[型號]Boeing767-33AER
[製造編號]28159　[最後營運公司]AIRDO
[註冊日期]2000/04/27　[註銷日期]2021/03/04

[註冊編號]JA767C　[型號]Boeing767-3Q8ER
[製造編號]29390　[最後營運公司]天馬航空
[註冊日期]2002/03/08　[註銷日期]2008/01/09

[註冊編號]JA603A　[型號]Boeing767-381ER (BCF)
[製造編號]32972　[最後營運公司]全日空
[註冊日期]2002/05/17　[註銷日期]現役運行

[註冊編號]JA601J　[型號]Boeing767-346ER
[製造編號]32886　[最後營運公司]日本航空
[註冊日期]2002/05/20　[註銷日期]現役運行

[註冊編號]JA602J　[型號]Boeing767-346ER
[製造編號]32887　[最後營運公司]日本航空
[註冊日期]2002/06/07　[註銷日期]現役運行

[註冊編號]JA603J　[型號]Boeing767-346ER
[製造編號]32888　[最後營運公司]日本航空
[註冊日期]2002/06/18　[註銷日期]現役運行

[註冊編號]JA604A　[型號]Boeing767-381ER
[製造編號]32973　[最後營運公司]全日空
[註冊日期]2002/06/27　[註銷日期]2021/03/17

[註冊編號]JA605A　[型號]Boeing767-381ER
[製造編號]32974　[最後營運公司]AIRDO
[註冊日期]2002/07/12　[註銷日期]現役運行

[註冊編號]JA606A　[型號]Boeing767-381ER
[製造編號]32975　[最後營運公司]全日空
[註冊日期]2002/07/24　[註銷日期]2021/02/12

[註冊編號]JA607A　[型號]Boeing767-381ER
[製造編號]32976　[最後營運公司]AIRDO
[註冊日期]2002/08/09　[註銷日期]現役運行

[註冊編號]JA608A　[型號]Boeing767-381ER
[製造編號]32977　[最後營運公司]全日空
[註冊日期]2002/08/29　[註銷日期]現役運行

[註冊編號]JA601F　[型號]Boeing767-381F
[製造編號]33404　[最後營運公司]全日空
[註冊日期]2002/08/29　[註銷日期]2011/08/01

[註冊編號]JA609A　[型號]Boeing767-381ER
[製造編號]32978　[最後營運公司]全日空
[註冊日期]2003/04/02　[註銷日期]現役運行

[註冊編號]JA610A　[型號]Boeing767-381ER
[製造編號]32979　[最後營運公司]全日空
[註冊日期]2003/04/15　[註銷日期]現役運行

[註冊編號]JA604J　[型號]Boeing767-346ER
[製造編號]33493　[最後營運公司]日本航空
[註冊日期]2003/04/23　[註銷日期]2017/09/25

[註冊編號]JA605J　[型號]Boeing767-346ER
[製造編號]33494　[最後營運公司]**日本航空**
[註冊日期]2003/06/24　　　[註銷日期]**2017/03/27**

[註冊編號]JA611A　[型號]Boeing767-381ER
[製造編號]32980　[最後營運公司]**全日空**
[註冊日期]2003/07/28　　　[註銷日期]**現役運行**

[註冊編號]JA606J　[型號]Boeing767-346ER（WL）
[製造編號]33495　[最後營運公司]**日本航空**
[註冊日期]2003/08/15　　　[註銷日期]**現役運行**

[註冊編號]JA767D　[型號]Boeing767-36NER
[製造編號]30847　[最後營運公司]**天馬航空**
[註冊日期]2003/09/19　　　[註銷日期]**2009/10/01**

[註冊編號]JA607J　[型號]Boeing767-346ER（WL）
[製造編號]33496　[最後營運公司]**日本航空**
[註冊日期]2003/10/07　　　[註銷日期]**現役運行**

[註冊編號]JA608J　[型號]Boeing767-346ER（WL）
[製造編號]33497　[最後營運公司]**日本航空**
[註冊日期]2004/03/03　　　[註銷日期]**現役運行**

[註冊編號]JA612A　[型號]Boeing767-381ER
[製造編號]33506　[最後營運公司]**AIRDO**
[註冊日期]2004/04/06　　　[註銷日期]**現役運行**

[註冊編號]JA609J　[型號]Boeing767-346ER
[製造編號]33845　[最後營運公司]**日本航空**
[註冊日期]2004/04/07　　　[註銷日期]**2018/01/25**

[註冊編號]JA613A　[型號]Boeing767-381ER
[製造編號]33507　[最後營運公司]**AIRDO**
[註冊日期]2004/08/06　　　[註銷日期]**現役運行**

[註冊編號]JA610J　[型號]Boeing767-346ER
[製造編號]33846　[最後營運公司]**日本航空**
[註冊日期]2004/09/22　　　[註銷日期]**現役運行**

[註冊編號]JA611J　[型號]Boeing767-346ER
[製造編號]33847　[最後營運公司]日本航空
[註冊日期]2004/11/16　　　[註銷日期]現役運行

[註冊編號]JA767E　[型號]Boeing767-328ER
[製造編號]27427　[最後營運公司]天馬航空
[註冊日期]2004/12/02　　　[註銷日期]2007/09/04

[註冊編號]JA767F　[型號]Boeing767-38EER
[製造編號]30840　[最後營運公司]天馬航空
[註冊日期]2005/03/04　　　[註銷日期]2009/04/28

[註冊編號]JA612J　[型號]Boeing767-346ER
[製造編號]33848　[最後營運公司]日本航空
[註冊日期]2005/03/08　　　[註銷日期]現役運行

[註冊編號]JA614A　[型號]Boeing767-381ER
[製造編號]33508　[最後營運公司]全日空
[註冊日期]2005/04/21　　　[註銷日期]現役運行

[註冊編號]JA613J　[型號]Boeing767-346ER
[製造編號]33849　[最後營運公司]日本航空
[註冊日期]2005/08/24　　　[註銷日期]現役運行

[註冊編號]JA602F　[型號]Boeing767-381F
[製造編號]33509　[最後營運公司]全日空
[註冊日期]2005/11/29　　　[註銷日期]現役運行

[註冊編號]JA614J　[型號]Boeing767-346ER
[製造編號]33851　[最後營運公司]日本航空
[註冊日期]2005/12/22　　　[註銷日期]現役運行

[註冊編號]JA603F　[型號]Boeing767-381F
[製造編號]33510　[最後營運公司]全日空
[註冊日期]2006/02/03　　　[註銷日期]2011/02/01

[註冊編號]JA615J　[型號]Boeing767-346ER
[製造編號]33850　[最後營運公司]日本航空
[註冊日期]2006/05/16　　　[註銷日期]現役運行

[註冊編號]JA604F　　[型號]Boeing767-381F
[製造編號]35709　　[最後營運公司]**全日空**
[註冊日期]2006/09/21　　[註銷日期]**現役運行**

[註冊編號]JA615A　　[型號]Boeing767-381ER
[製造編號]35877　　[最後營運公司]**全日空**
[註冊日期]2007/01/31　　[註銷日期]**現役運行**

[註冊編號]JA616A　　[型號]Boeing767-381ER
[製造編號]35876　　[最後營運公司]**全日空**
[註冊日期]2007/03/23　　[註銷日期]**現役運行**

[註冊編號]JA616J　　[型號]Boeing767-346ER（WL）
[製造編號]35813　　[最後營運公司]**日本航空**
[註冊日期]2007/04/20　　[註銷日期]**現役運行**

[註冊編號]JA631J　　[型號]Boeing767-346F
[製造編號]35816　　[最後營運公司]**日本國際航空**
[註冊日期]2007/06/27　　[註銷日期]2010/11/10

[註冊編號]JA617J　　[型號]Boeing767-346ER（WL）
[製造編號]35814　　[最後營運公司]**日本航空**
[註冊日期]2007/07/24　　[註銷日期]**現役運行**

[註冊編號]JA632J　　[型號]Boeing767-346F
[製造編號]35817　　[最後營運公司]**日本國際航空**
[註冊日期]2007/09/25　　[註銷日期]2010/11/05

[註冊編號]JA633J　　[型號]Boeing767-346F
[製造編號]35818　　[最後營運公司]**日本國際航空**
[註冊日期]2007/10/11　　[註銷日期]2010/09/29

[註冊編號]JA618J　　[型號]Boeing767-346ER（WL）
[製造編號]35815　　[最後營運公司]**日本航空**
[註冊日期]2008/02/15　　[註銷日期]**現役運行**

[註冊編號]JA619J　　[型號]Boeing767-346ER（WL）
[製造編號]37550　　[最後營運公司]**日本航空**
[註冊日期]2008/07/01　　[註銷日期]**現役運行**

［註冊編號］JA617A　［型號］Boeing767-381ER
［製造編號］37719　［最後營運公司］全日空
［註冊日期］2008/09/01　［註銷日期］現役運行

［註冊編號］JA620J　［型號］Boeing767-346ER（WL）
［製造編號］37547　［最後營運公司］日本航空
［註冊日期］2009/02/10　［註銷日期］現役運行

［註冊編號］JA621J　［型號］Boeing767-346ER（WL）
［製造編號］37548　［最後營運公司］日本航空
［註冊日期］2009/03/17　［註銷日期］現役運行

［註冊編號］JA618A　［型號］Boeing767-381ER
［製造編號］37720　［最後營運公司］全日空
［註冊日期］2009/04/08　［註銷日期］現役運行

［註冊編號］JA622J　［型號］Boeing767-346ER
［製造編號］37549　［最後營運公司］日本航空
［註冊日期］2009/05/07　［註銷日期］現役運行

［註冊編號］JA623J　［型號］Boeing767-346ER
［製造編號］36131　［最後營運公司］日本航空
［註冊日期］2009/05/29　［註銷日期］現役運行

［註冊編號］JA619A　［型號］Boeing767-381ER（WL）
［製造編號］40564　［最後營運公司］全日空
［註冊日期］2010/09/01　［註銷日期］2022/11/18

［註冊編號］JA651J　［型號］Boeing767-346ER
［製造編號］40363　［最後營運公司］日本航空
［註冊日期］2010/10/01　［註銷日期］2023/03/15

［註冊編號］JA652J　［型號］Boeing767-346ER
［製造編號］40364　［最後營運公司］日本航空
［註冊日期］2010/10/22　［註銷日期］2022/07/15

［註冊編號］JA620A　［型號］Boeing767-381ER（WL）
［製造編號］40565　［最後營運公司］全日空
［註冊日期］2010/11/12　［註銷日期］2022/12/16

[註冊編號]JA653J　　[型號]Boeing767-346ER
[製造編號]40365　　[最後營運公司]日本航空
[註冊日期]2010/12/15　　[註銷日期]現役運行

[註冊編號]JA621A　　[型號]Boeing767-381ER（WL）
[製造編號]40566　　[最後營運公司]全日空
[註冊日期]2011/01/18　　[註銷日期]2023/01/20

[註冊編號]JA654J　　[型號]Boeing767-346ER
[製造編號]40366　　[最後營運公司]日本航空
[註冊日期]2011/02/04　　[註銷日期]現役運行

[註冊編號]JA622A　　[型號]Boeing767-381ER（WL）
[製造編號]40567　　[最後營運公司]全日空
[註冊日期]2011/02/23　　[註銷日期]現役運行

[註冊編號]JA623A　　[型號]Boeing767-381ER（WL）
[製造編號]40894　　[最後營運公司]全日空
[註冊日期]2011/03/30　　[註銷日期]現役運行

[註冊編號]JA655J　　[型號]Boeing767-346ER
[製造編號]40367　　[最後營運公司]日本航空
[註冊日期]2011/07/29　　[註銷日期]現役運行

[註冊編號]JA656J　　[型號]Boeing767-346ER
[製造編號]40368　　[最後營運公司]日本航空
[註冊日期]2011/08/23　　[註銷日期]現役運行

[註冊編號]JA624A　　[型號]Boeing767-381ER（WL）
[製造編號]40895　　[最後營運公司]全日空
[註冊日期]2011/09/01　　[註銷日期]現役運行

[註冊編號]JA625A　　[型號]Boeing767-381ER（WL）
[製造編號]40896　　[最後營運公司]全日空
[註冊日期]2011/10/03　　[註銷日期]現役運行

[註冊編號]JA657J　　[型號]Boeing767-346ER
[製造編號]40369　　[最後營運公司]日本航空
[註冊日期]2011/10/21　　[註銷日期]現役運行

[註冊編號]JA658J　[型號]Boeing767-346ER
[製造編號]40370　[最後營運公司]日本航空
[註冊日期]2011/11/18　　[註銷日期]現役運行

[註冊編號]JA659J　[型號]Boeing767-346ER
[製造編號]40371　[最後營運公司]日本航空
[註冊日期]2011/12/15　　[註銷日期]現役運行

[註冊編號]JA626A　[型號]Boeing767-381ER（WL）
[製造編號]40897　[最後營運公司]全日空
[註冊日期]2012/01/17　　[註銷日期]現役運行

[註冊編號]JA627A　[型號]Boeing767-381ER（WL）
[製造編號]40898　[最後營運公司]全日空
[註冊日期]2012/03/23　　[註銷日期]現役運行

[註冊編號]JA605F　[型號]Boeing767-316F（WL）
[製造編號]30842　[最後營運公司]全日空
[註冊日期]2014/04/30　　[註銷日期]現役運行

787

[註冊編號]JA801A　[型號]Boeing787-8
[製造編號]34488　[最後營運公司]全日空
[註冊日期]2011/09/26　　[註銷日期]現役運行

[註冊編號]JA802A　[型號]Boeing787-8
[製造編號]34497　[最後營運公司]全日空
[註冊日期]2011/10/14　　[註銷日期]現役運行

[註冊編號]JA805A　[型號]Boeing787-8
[製造編號]34514　[最後營運公司]全日空
[註冊日期]2012/01/04　　[註銷日期]現役運行

[註冊編號]JA807A　[型號]Boeing787-8
[製造編號]34508　[最後營運公司]全日空
[註冊日期]2012/01/13　　[註銷日期]現役運行

[註冊編號]**JA804A**　[型號]**Boeing787-8**
[製造編號]**34486**　[最後營運公司]**全日空**
[註冊日期]**2012/01/16**　　[註銷日期]**現役運行**

[註冊編號]**JA822J**　[型號]**Boeing787-8**
[製造編號]**34832**　[最後營運公司]**ZIPAIR Tokyo**
[註冊日期]**2012/03/26**　　[註銷日期]**現役運行**

[註冊編號]**JA825J**　[型號]**Boeing787-8**
[製造編號]**34835**　[最後營運公司]**ZIPAIR Tokyo**
[註冊日期]**2012/03/26**　　[註銷日期]**現役運行**

[註冊編號]**JA806A**　[型號]**Boeing787-8**
[製造編號]**34515**　[最後營運公司]**全日空**
[註冊日期]**2012/03/29**　　[註銷日期]**現役運行**

[註冊編號]**JA808A**　[型號]**Boeing787-8**
[製造編號]**34490**　[最後營運公司]**全日空**
[註冊日期]**2012/04/16**　　[註銷日期]**現役運行**

[註冊編號]**JA826J**　[型號]**Boeing787-8**
[製造編號]**34836**　[最後營運公司]**ZIPAIR Tokyo**
[註冊日期]**2012/04/26**　　[註銷日期]**現役運行**

[註冊編號]**JA827J**　[型號]**Boeing787-8**
[製造編號]**34837**　[最後營運公司]**日本航空**
[註冊日期]**2012/04/26**　　[註銷日期]**現役運行**

[註冊編號]**JA809A**　[型號]**Boeing787-8**
[製造編號]**34494**　[最後營運公司]**全日空**
[註冊日期]**2012/06/21**　　[註銷日期]**現役運行**

[註冊編號]**JA810A**　[型號]**Boeing787-8**
[製造編號]**34506**　[最後營運公司]**全日空**
[註冊日期]**2012/06/25**　　[註銷日期]**現役運行**

[註冊編號]**JA812A**　[型號]**Boeing787-8**
[製造編號]**40748**　[最後營運公司]**全日空**
[註冊日期]**2012/07/02**　　[註銷日期]**現役運行**

[註冊編號]JA811A　[型號]Boeing787-8
[製造編號]34502　[最後營運公司]全日空
[註冊日期]2012/07/17　[註銷日期]現役運行

[註冊編號]JA803A　[型號]Boeing787-8
[製造編號]34485　[最後營運公司]全日空
[註冊日期]2012/08/23　[註銷日期]現役運行

[註冊編號]JA813A　[型號]Boeing787-8
[製造編號]34521　[最後營運公司]全日空
[註冊日期]2012/08/31　[註銷日期]現役運行

[註冊編號]JA828J　[型號]Boeing787-8
[製造編號]34838　[最後營運公司]日本航空
[註冊日期]2012/09/04　[註銷日期]現役運行

[註冊編號]JA814A　[型號]Boeing787-8
[製造編號]34493　[最後營運公司]全日空
[註冊日期]2012/09/24　[註銷日期]現役運行

[註冊編號]JA824J　[型號]Boeing787-8
[製造編號]34834　[最後營運公司]ZIPAIR Tokyo
[註冊日期]2012/09/25　[註銷日期]現役運行

[註冊編號]JA815A　[型號]Boeing787-8
[製造編號]40899　[最後營運公司]全日空
[註冊日期]2012/10/01　[註銷日期]現役運行

[註冊編號]JA816A　[型號]Boeing787-8
[製造編號]34507　[最後營運公司]全日空
[註冊日期]2012/11/01　[註銷日期]現役運行

[註冊編號]JA817A　[型號]Boeing787-8
[製造編號]40749　[最後營運公司]全日空
[註冊日期]2012/12/21　[註銷日期]現役運行

[註冊編號]JA829J　[型號]Boeing787-8
[製造編號]34839　[最後營運公司]日本航空
[註冊日期]2012/12/21　[註銷日期]現役運行

[註冊編號]**JA818A**　[型號]**Boeing787-8**
[製造編號]**42243**　[最後營運公司]**全日空**
[註冊日期]**2013/05/15**　[註銷日期]**現役運行**

[註冊編號]**JA830J**　[型號]**Boeing787-8**
[製造編號]**34840**　[最後營運公司]**日本航空**
[註冊日期]**2013/05/30**　[註銷日期]**現役運行**

[註冊編號]**JA819A**　[型號]**Boeing787-8**
[製造編號]**42244**　[最後營運公司]**全日空**
[註冊日期]**2013/05/31**　[註銷日期]**現役運行**

[註冊編號]**JA834J**　[型號]**Boeing787-8**
[製造編號]**34842**　[最後營運公司]**日本航空**
[註冊日期]**2013/06/13**　[註銷日期]**現役運行**

[註冊編號]**JA820A**　[型號]**Boeing787-8**
[製造編號]**34511**　[最後營運公司]**全日空**
[註冊日期]**2013/06/20**　[註銷日期]**現役運行**

[註冊編號]**JA832J**　[型號]**Boeing787-8**
[製造編號]**34844**　[最後營運公司]**日本航空**
[註冊日期]**2013/07/24**　[註銷日期]**現役運行**

[註冊編號]**JA822A**　[型號]**Boeing787-8**
[製造編號]**34512**　[最後營運公司]**全日空**
[註冊日期]**2013/08/21**　[註銷日期]**現役運行**

[註冊編號]**JA823A**　[型號]**Boeing787-8**
[製造編號]**42246**　[最後營運公司]**全日空**
[註冊日期]**2013/08/22**　[註銷日期]**現役運行**

[註冊編號]**JA823J**　[型號]**Boeing787-8**
[製造編號]**34833**　[最後營運公司]**日本航空**
[註冊日期]**2013/08/29**　[註銷日期]**現役運行**

[註冊編號]**JA821A**　[型號]**Boeing787-8**
[製造編號]**42245**　[最後營運公司]**全日空**
[註冊日期]**2013/09/24**　[註銷日期]**現役運行**

[註冊編號]JA821J　[型號]Boeing787-8
[製造編號]34831　[最後營運公司]日本航空
[註冊日期]2013/11/05　[註銷日期]現役運行

[註冊編號]JA833J　[型號]Boeing787-8
[製造編號]34846　[最後營運公司]日本航空
[註冊日期]2013/12/17　[註銷日期]現役運行

[註冊編號]JA824A　[型號]Boeing787-8
[製造編號]42247　[最後營運公司]全日空
[註冊日期]2014/01/08　[註銷日期]現役運行

[註冊編號]JA827A　[型號]Boeing787-8
[製造編號]34509　[最後營運公司]全日空
[註冊日期]2014/02/06　[註銷日期]現役運行

[註冊編號]JA825A　[型號]Boeing787-8
[製造編號]34516　[最後營運公司]全日空
[註冊日期]2014/02/07　[註銷日期]現役運行

[註冊編號]JA828A　[型號]Boeing787-8
[製造編號]42248　[最後營運公司]全日空
[註冊日期]2014/02/21　[註銷日期]現役運行

[註冊編號]JA831J　[型號]Boeing787-8
[製造編號]34847　[最後營運公司]日本航空
[註冊日期]2014/03/18　[註銷日期]現役運行

[註冊編號]JA835J　[型號]Boeing787-8
[製造編號]34850　[最後營運公司]日本航空
[註冊日期]2014/03/31　[註銷日期]現役運行

[註冊編號]JA829A　[型號]Boeing787-8
[製造編號]34520　[最後營運公司]全日空
[註冊日期]2014/06/05　[註銷日期]現役運行

[註冊編號]JA830A　[型號]Boeing787-9
[製造編號]34522　[最後營運公司]全日空
[註冊日期]2014/07/28　[註銷日期]現役運行

[註冊編號]JA831A　[型號]Boeing787-8
[製造編號]34496　[最後營運公司]全日空
[註冊日期]2014/08/04　[註銷日期]現役運行

[註冊編號]JA832A　[型號]Boeing787-8
[製造編號]42249　[最後營運公司]全日空
[註冊日期]2014/08/15　[註銷日期]現役運行

[註冊編號]JA834A　[型號]Boeing787-8
[製造編號]40750　[最後營運公司]全日空
[註冊日期]2014/08/21　[註銷日期]現役運行

[註冊編號]JA833A　[型號]Boeing787-9
[製造編號]34524　[最後營運公司]全日空
[註冊日期]2014/09/26　[註銷日期]現役運行

[註冊編號]JA837J　[型號]Boeing787-8
[製造編號]34860　[最後營運公司]日本航空
[註冊日期]2014/11/25　[註銷日期]現役運行

[註冊編號]JA838J　[型號]Boeing787-8
[製造編號]34849　[最後營運公司]日本航空
[註冊日期]2014/12/10　[註銷日期]現役運行

[註冊編號]JA835A　[型號]Boeing787-8
[製造編號]34525　[最後營運公司]全日空
[註冊日期]2014/12/18　[註銷日期]現役運行

[註冊編號]JA836J　[型號]Boeing787-8
[製造編號]38135　[最後營運公司]日本航空
[註冊日期]2014/12/19　[註銷日期]現役運行

[註冊編號]JA839J　[型號]Boeing787-8
[製造編號]34853　[最後營運公司]日本航空
[註冊日期]2015/01/20　[註銷日期]現役運行

[註冊編號]JA840J　[型號]Boeing787-8
[製造編號]34856　[最後營運公司]日本航空
[註冊日期]2015/02/27　[註銷日期]現役運行

[註冊編號] JA836A　[型號] Boeing787-9
[製造編號] 34527　[最後營運公司] 全日空
[註冊日期] 2015/04/22　[註銷日期] 現役運行

[註冊編號] JA838A　[型號] Boeing787-8
[製造編號] 34528　[最後營運公司] 全日空
[註冊日期] 2015/05/21　[註銷日期] 現役運行

[註冊編號] JA842J　[型號] Boeing787-8
[製造編號] 34854　[最後營運公司] 日本航空
[註冊日期] 2015/05/22　[註銷日期] 現役運行

[註冊編號] JA837A　[型號] Boeing787-9
[製造編號] 34526　[最後營運公司] 全日空
[註冊日期] 2015/06/01　[註銷日期] 現役運行

[註冊編號] JA861J　[型號] Boeing787-9
[製造編號] 35422　[最後營運公司] 日本航空
[註冊日期] 2015/06/10　[註銷日期] 現役運行

[註冊編號] JA841J　[型號] Boeing787-8
[製造編號] 34855　[最後營運公司] 日本航空
[註冊日期] 2015/06/29　[註銷日期] 現役運行

[註冊編號] JA839A　[型號] Boeing787-9
[製造編號] 34529　[最後營運公司] 全日空
[註冊日期] 2015/07/01　[註銷日期] 現役運行

[註冊編號] JA871A　[型號] Boeing787-9
[製造編號] 34534　[最後營運公司] 全日空
[註冊日期] 2015/07/28　[註銷日期] 現役運行

[註冊編號] JA840A　[型號] Boeing787-8
[製造編號] 34518　[最後營運公司] 全日空
[註冊日期] 2015/07/31　[註銷日期] 現役運行

[註冊編號] JA872A　[型號] Boeing787-9
[製造編號] 34504　[最後營運公司] 全日空
[註冊日期] 2015/08/27　[註銷日期] 現役運行

[註冊編號]JA873A　[型號]Boeing787-9
[製造編號]34530　[最後營運公司]全日空
[註冊日期]2015/09/30　　[註銷日期]現役運行

[註冊編號]JA862J　[型號]Boeing787-9
[製造編號]34841　[最後營運公司]日本航空
[註冊日期]2015/10/30　　[註銷日期]現役運行

[註冊編號]JA874A　[型號]Boeing787-8
[製造編號]34503　[最後營運公司]全日空
[註冊日期]2015/11/12　　[註銷日期]現役運行

[註冊編號]JA875A　[型號]Boeing787-9
[製造編號]34531　[最後營運公司]全日空
[註冊日期]2015/11/24　　[註銷日期]現役運行

[註冊編號]JA843J　[型號]Boeing787-8
[製造編號]34859　[最後營運公司]日本航空
[註冊日期]2016/01/29　　[註銷日期]現役運行

[註冊編號]JA863J　[型號]Boeing787-9
[製造編號]38137　[最後營運公司]日本航空
[註冊日期]2016/02/22　　[註銷日期]現役運行

[註冊編號]JA877A　[型號]Boeing787-9
[製造編號]43871　[最後營運公司]全日空
[註冊日期]2016/03/22　　[註銷日期]現役運行

[註冊編號]JA876A　[型號]Boeing787-9
[製造編號]34532　[最後營運公司]全日空
[註冊日期]2016/03/31　　[註銷日期]現役運行

[註冊編號]JA878A　[型號]Boeing787-8
[製造編號]34501　[最後營運公司]全日空
[註冊日期]2016/05/13　　[註銷日期]現役運行

[註冊編號]JA844J　[型號]Boeing787-8
[製造編號]38136　[最後營運公司]日本航空
[註冊日期]2016/05/26　　[註銷日期]現役運行

［註冊編號］JA864J　［型號］Boeing787-9
［製造編號］34858　［最後營運公司］日本航空
［註冊日期］2016/06/01　［註銷日期］現役運行

［註冊編號］JA845J　［型號］Boeing787-8
［製造編號］34857　［最後營運公司］日本航空
［註冊日期］2016/06/30　［註銷日期］現役運行

［註冊編號］JA879A　［型號］Boeing787-9
［製造編號］43869　［最後營運公司］全日空
［註冊日期］2016/07/21　［註銷日期］現役運行

［註冊編號］JA880A　［型號］Boeing787-9
［製造編號］34533　［最後營運公司］全日空
［註冊日期］2016/07/27　［註銷日期］現役運行

［註冊編號］JA882A　［型號］Boeing787-9
［製造編號］43872　［最後營運公司］全日空
［註冊日期］2016/08/17　［註銷日期］現役運行

［註冊編號］JA865J　［型號］Boeing787-9
［製造編號］38138　［最後營運公司］日本航空
［註冊日期］2016/08/18　［註銷日期］現役運行

［註冊編號］JA883A　［型號］Boeing787-9
［製造編號］43873　［最後營運公司］全日空
［註冊日期］2016/09/06　［註銷日期］現役運行

［註冊編號］JA884A　［型號］Boeing787-9
［製造編號］34523　［最後營運公司］全日空
［註冊日期］2016/09/21　［註銷日期］現役運行

［註冊編號］JA885A　［型號］Boeing787-9
［製造編號］43870　［最後營運公司］全日空
［註冊日期］2016/10/03　［註銷日期］現役運行

［註冊編號］JA886A　［型號］Boeing787-9
［製造編號］61522　［最後營運公司］全日空
［註冊日期］2016/10/25　［註銷日期］現役運行

[註冊編號]JA888A　[型號]Boeing787-9
[製造編號]43864　[最後營運公司]**全日空**
[註冊日期]2016/11/07　[註銷日期]**現役運行**

[註冊編號]JA887A　[型號]Boeing787-9
[製造編號]43874　[最後營運公司]**全日空**
[註冊日期]2016/11/22　[註銷日期]**現役運行**

[註冊編號]JA866J　[型號]Boeing787-9
[製造編號]35423　[最後營運公司]**日本航空**
[註冊日期]2016/12/02　[註銷日期]**現役運行**

[註冊編號]JA890A　[型號]Boeing787-9
[製造編號]34500　[最後營運公司]**全日空**
[註冊日期]2016/12/09　[註銷日期]**現役運行**

[註冊編號]JA867J　[型號]Boeing787-9
[製造編號]34843　[最後營運公司]**日本航空**
[註冊日期]2017/02/02　[註銷日期]**現役運行**

[註冊編號]JA868J　[型號]Boeing787-9
[製造編號]34845　[最後營運公司]**日本航空**
[註冊日期]2017/03/24　[註銷日期]**現役運行**

[註冊編號]JA891A　[型號]Boeing787-9
[製造編號]40751　[最後營運公司]**全日空**
[註冊日期]2017/04/18　[註銷日期]**現役運行**

[註冊編號]JA892A　[型號]Boeing787-9
[製造編號]34513　[最後營運公司]**全日空**
[註冊日期]2017/06/13　[註銷日期]**現役運行**

[註冊編號]JA869J　[型號]Boeing787-9
[製造編號]35424　[最後營運公司]**日本航空**
[註冊日期]2017/07/18　[註銷日期]**現役運行**

[註冊編號]JA893A　[型號]Boeing787-9
[製造編號]61519　[最後營運公司]**全日空**
[註冊日期]2017/07/26　[註銷日期]**現役運行**

[註冊編號]JA894A　　[型號]Boeing787-9
[製造編號]34517　　[最後營運公司]全日空
[註冊日期]2017/09/21　　[註銷日期]現役運行

[註冊編號]JA870J　　[型號]Boeing787-9
[製造編號]35425　　[最後營運公司]日本航空
[註冊日期]2017/09/22　　[註銷日期]現役運行

[註冊編號]JA895A　　[型號]Boeing787-9
[製造編號]61520　　[最後營運公司]全日空
[註冊日期]2017/10/02　　[註銷日期]現役運行

[註冊編號]JA871J　　[型號]Boeing787-9
[製造編號]34848　　[最後營運公司]日本航空
[註冊日期]2017/11/16　　[註銷日期]現役運行

[註冊編號]JA896A　　[型號]Boeing787-9
[製造編號]34499　　[最後營運公司]全日空
[註冊日期]2017/12/01　　[註銷日期]現役運行

[註冊編號]JA898A　　[型號]Boeing787-9
[製造編號]40752　　[最後營運公司]全日空
[註冊日期]2018/03/28　　[註銷日期]現役運行

[註冊編號]JA872J　　[型號]Boeing787-9
[製造編號]35428　　[最後營運公司]日本航空
[註冊日期]2018/05/17　　[註銷日期]現役運行

[註冊編號]JA873J　　[型號]Boeing787-9
[製造編號]34852　　[最後營運公司]日本航空
[註冊日期]2018/06/20　　[註銷日期]現役運行

[註冊編號]JA874J　　[型號]Boeing787-9
[製造編號]35429　　[最後營運公司]日本航空
[註冊日期]2018/07/24　　[註銷日期]現役運行

[註冊編號]JA897A　　[型號]Boeing787-9
[製造編號]61521　　[最後營運公司]全日空
[註冊日期]2018/07/26　　[註銷日期]現役運行

[註冊編號]JA899A　　[型號]Boeing787-9
[製造編號]34519　　[最後營運公司]全日空
[註冊日期]2018/10/01　　　[註銷日期]現役運行

[註冊編號]JA875J　　[型號]Boeing787-9
[製造編號]38134　　[最後營運公司]日本航空
[註冊日期]2018/12/04　　　[註銷日期]現役運行

[註冊編號]JA876J　　[型號]Boeing787-9
[製造編號]35430　　[最後營運公司]日本航空
[註冊日期]2019/01/24　　　[註銷日期]現役運行

[註冊編號]JA877J　　[型號]Boeing787-9
[製造編號]35431　　[最後營運公司]日本航空
[註冊日期]2019/02/08　　　[註銷日期]現役運行

[註冊編號]JA900A　　[型號]Boeing787-10
[製造編號]62684　　[最後營運公司]全日空
[註冊日期]2019/03/29　　　[註銷日期]現役運行

[註冊編號]JA921A　　[型號]Boeing787-9
[製造編號]43865　　[最後營運公司]全日空
[註冊日期]2019/05/29　　　[註銷日期]現役運行

[註冊編號]JA901A　　[型號]Boeing787-10
[製造編號]62685　　[最後營運公司]全日空
[註冊日期]2019/07/01　　　[註銷日期]現役運行

[註冊編號]JA922A　　[型號]Boeing787-9
[製造編號]43867　　[最後營運公司]全日空
[註冊日期]2019/08/02　　　[註銷日期]現役運行

[註冊編號]JA846J　　[型號]Boeing787-8
[製造編號]35435　　[最後營運公司]日本航空
[註冊日期]2019/10/08　　　[註銷日期]現役運行

[註冊編號]JA847J　　[型號]Boeing787-8
[製造編號]35436　　[最後營運公司]日本航空
[註冊日期]2019/11/27　　　[註銷日期]現役運行

［註冊編號］JA848J　［型號］Boeing787-8
［製造編號］35438　　［最後營運公司］日本航空
［註冊日期］2019/12/05　　［註銷日期］現役運行

［註冊編號］JA878J　［型號］Boeing787-9
［製造編號］34851　　［最後營運公司］日本航空
［註冊日期］2019/12/12　　［註銷日期］現役運行

［註冊編號］JA879J　［型號］Boeing787-9
［製造編號］35427　　［最後營運公司］日本航空
［註冊日期］2020/01/31　　［註銷日期］現役運行

［註冊編號］JA880J　［型號］Boeing787-9
［製造編號］35426　　［最後營運公司］日本航空
［註冊日期］2020/02/07　　［註銷日期］現役運行

［註冊編號］JA849J　［型號］Boeing787-8
［製造編號］35437　　［最後營運公司］日本航空
［註冊日期］2020/03/19　　［註銷日期］現役運行

［註冊編號］JA928A　［型號］Boeing787-9
［製造編號］61529　　［最後營運公司］全日空
［註冊日期］2020/03/19　　［註銷日期］現役運行

［註冊編號］JA932A　［型號］Boeing787-9
［製造編號］43866　　［最後營運公司］全日空
［註冊日期］2020/03/31　　［註銷日期］現役運行

［註冊編號］JA933A　［型號］Boeing787-9
［製造編號］61524　　［最後營運公司］全日空
［註冊日期］2020/08/05　　［註銷日期］現役運行

［註冊編號］JA923A　［型號］Boeing787-9
［製造編號］61523　　［最後營運公司］全日空
［註冊日期］2020/08/15　　［註銷日期］現役運行

［註冊編號］JA881J　［型號］Boeing787-9
［製造編號］66514　　［最後營運公司］日本航空
［註冊日期］2021/04/20　　［註銷日期］現役運行

[註冊編號]JA882J　　[型號]Boeing787-9
[製造編號]66515　　[最後營運公司]日本航空
[註冊日期]2021/04/23　　　　[註銷日期]現役運行

[註冊編號]JA925A　　[型號]Boeing787-9
[製造編號]61526　　[最後營運公司]全日空
[註冊日期]2021/04/28　　　　[註銷日期]現役運行

[註冊編號]JA936A　　[型號]Boeing787-9
[製造編號]66523　　[最後營運公司]全日空
[註冊日期]2021/09/16　　　　[註銷日期]現役運行

[註冊編號]JA937A　　[型號]Boeing787-9
[製造編號]66524　　[最後營運公司]全日空
[註冊日期]2021/11/04　　　　[註銷日期]現役運行

[註冊編號]JA902A　　[型號]Boeing787-10
[製造編號]62686　　[最後營運公司]全日空
[註冊日期]2022/10/18　　　　[註銷日期]現役運行

[註冊編號]JA935A　　[型號]Boeing787-9
[製造編號]66522　　[最後營運公司]全日空
[註冊日期]2022/11/24　　　　[註銷日期]現役運行

[註冊編號]JA850J　　[型號]Boeing787-8
[製造編號]35439　　[最後營運公司]ZIPAIR Tokyo
[註冊日期]2023/03/17　　　　[註銷日期]現役運行

A330

[註冊編號]JA330A　　[型號]Airbus A330-343E
[製造編號]1483　　[最後營運公司]天馬航空
[註冊日期]2014/02/28　　　　[註銷日期]2015/03/25

[註冊編號]JA330B　　[型號]Airbus A330-343E
[製造編號]1491　　[最後營運公司]天馬航空
[註冊日期]2014/02/28　　　　[註銷日期]2015/03/25

[註冊編號]**JA330D** [型號]**Airbus A330-343E**
[製造編號]**1542** [最後營運公司]**天馬航空**
[註冊日期]**2014/07/29** [註銷日期]**2015/03/25**

[註冊編號]**JA330E** [型號]**Airbus A330-343E**
[製造編號]**1554** [最後營運公司]**天馬航空**
[註冊日期]**2014/09/11** [註銷日期]**2015/03/25**

[註冊編號]**JA330F** [型號]**Airbus A330-343E**
[製造編號]**1574** [最後營運公司]**天馬航空**
[註冊日期]**2014/11/28** [註銷日期]**2015/03/24**

■ 日本的航空公司設籍的波音767/787、空巴A330一覧表

※依照註冊編號之順序列載(8開頭的四位數字為申請序號)。 ※截至2023年5月的資料。

━ 767

註冊編號	型號	製造編號	最後營運公司	註冊日期	註銷日期
JA8231	Boeing767-246	23212	日本國際航空	1985/07/23	2011/03/10
JA8232	Boeing767-246	23213	日本國際航空	1985/08/16	2010/12/20
JA8233	Boeing767-246	23214	日本國際航空	1985/11/13	2011/02/03
JA8234	Boeing767-346	23216	日本國際航空	1986/09/26	2009/04/30
JA8235	Boeing767-346	23217	日本國際航空	1986/10/03	2009/06/16
JA8236	Boeing767-346	23215	日本國際航空	1986/12/17	2009/12/25
JA8238	Boeing767-281	23140	全日空	1985/02/08	2000/09/26
JA8239	Boeing767-281	23141	全日空	1985/03/06	2001/06/20
JA8240	Boeing767-281	23142	全日空	1985/04/05	2004/03/26
JA8241	Boeing767-281	23143	全日空	1985/05/13	2002/03/13
JA8242	Boeing767-281	23144	全日空	1985/06/11	2002/06/26
JA8243	Boeing767-281	23145	全日空	1985/09/04	2002/09/25
JA8244	Boeing767-281	23146	全日空	1985/10/11	2003/01/21
JA8245	Boeing767-281	23147	全日空	1985/11/20	2003/03/26
JA8251	Boeing767-281	23431	全日空	1986/06/19	2005/07/14
JA8252	Boeing767-281	23432	全日空	1986/07/09	2003/09/22
JA8253	Boeing767-346	23645	日本國際航空	1987/06/12	2010/03/30
JA8254	Boeing767-281	23433	全日空	1987/04/02	2002/11/28
JA8255	Boeing767-281	23434	天馬航空	1987/04/28	2004/09/28
JA8256	Boeing767-381	23756	全日空	1987/07/01	2012/09/14
JA8257	Boeing767-381	23757	全日空	1987/07/02	2012/04/23
JA8258	Boeing767-381	23758	全日空	1987/07/10	2009/12/09
JA8259	Boeing767-381	23759	全日空	1987/09/24	2012/07/23
JA8264	Boeing767-346	23965	日本航空	1987/09/21	2014/08/08
JA8265	Boeing767-346	23961	日本航空	1987/11/13	2011/10/06
JA8266	Boeing767-346	23966	日本航空	1987/12/08	2013/09/24
JA8267	Boeing767-346	23962	日本航空	1987/12/17	2012/09/20
JA8268	Boeing767-346	23963	日本航空	1988/06/22	2015/03/26
JA8269	Boeing767-346	23964	日本航空	1988/06/24	2015/07/07
JA8271	Boeing767-381	24002	全日空	1988/02/09	2012/06/15
JA8272	Boeing767-381	24003	全日空	1988/04/19	2012/11/14
JA8273	Boeing767-381	24004	全日空	1988/05/13	2013/01/11
JA8274	Boeing767-381	24005	全日空	1988/06/07	2013/05/14
JA8275	Boeing767-381	24006	全日空	1988/06/10	2013/12/16
JA8285	Boeing767-381	24350	全日空	1989/04/07	2013/09/30
JA8286	Boeing767-381ER (BCF)	24400	全日空	1989/06/27	2020/03/04

註冊編號	型號	製造編號	最後營運公司	註冊日期	註銷日期
JA8287	Boeing767-381	24351	全日空	1989/07/07	2014/08/06
JA8288	Boeing767-381	24415	全日空	1989/08/15	2014/09/12
JA8289	Boeing767-381	24416	全日空	1989/09/19	2014/03/17
JA8290	Boeing767-381	24417	全日空	1990/01/24	2015/02/20
JA8291	Boeing767-381	24755	全日空	1990/03/01	2015/01/21
JA8299	Boeing767-346	24498	日本航空	1989/08/25	2015/12/28
JA8322	Boeing767-381	25618	全日空	1992/10/15	2017/11/02
JA8323	Boeing767-381ER (BCF)	25654	全日空	1992/11/20	現役運行
JA8324	Boeing767-381	25655	全日空	1992/11/24	2018/02/02
JA8342	Boeing767-381	27445	全日空	1995/04/28	2020/08/17
JA8356	Boeing767-381ER (BCF)	25136	全日空	1991/07/18	2019/08/15
JA8357	Boeing767-381	25293	全日空	1991/11/15	2016/02/29
JA8358	Boeing767-381ER (BCF)	25616	全日空	1992/05/15	現役運行
JA8359	Boeing767-381	25617	AIRDO	1992/06/30	2016/10/07
JA8360	Boeing767-381	25055	全日空	1991/02/19	2016/01/28
JA8362	Boeing767-381ER (BCF)	24632	全日空	1989/10/27	2019/11/19
JA8363	Boeing767-381	24756	全日空	1990/04/13	2015/03/27
JA8364	Boeing767-346	24782	日本航空	1990/09/21	2015/12/15
JA8365	Boeing767-346	24783	日本航空	1990/09/26	2016/02/17
JA8368	Boeing767-381	24880	全日空	1990/11/01	2015/10/28
JA8397	Boeing767-346	27311	日本航空	1994/08/02	2016/06/27
JA8398	Boeing767-346	27312	日本航空	1994/08/04	2016/07/28
JA8399	Boeing767-346	27313	日本航空	1994/10/04	2016/11/30
JA8479	Boeing767-281	22785	全日空	1983/04/26	1997/08/06
JA8480	Boeing767-281	22786	全日空	1983/05/18	1997/10/30
JA8481	Boeing767-281	22787	全日空	1983/06/15	1998/03/23
JA8482	Boeing767-281	22788	全日空	1983/07/08	1998/05/25
JA8483	Boeing767-281	22789	全日空	1983/09/13	1998/08/04
JA8484	Boeing767-281	22790	全日空	1983/10/12	1998/11/25
JA8485	Boeing767-281	23016	全日空	1984/02/01	1999/03/11
JA8486	Boeing767-281	23017	全日空	1984/03/02	1999/07/21
JA8487	Boeing767-281	23018	全日空	1984/04/10	1999/09/27
JA8488	Boeing767-281	23019	全日空	1984/05/02	2000/01/21
JA8489	Boeing767-281	23020	全日空	1984/07/05	2000/01/26
JA8490	Boeing767-281	23021	全日空	1984/10/23	2000/02/23
JA8491	Boeing767-281	23022	全日空	1984/11/16	2000/06/29
JA8567	Boeing767-381	25656	全日空	1993/08/17	2018/11/19
JA8568	Boeing767-381	25657	全日空	1993/09/16	2018/11/30
JA8569	Boeing767-381	27050	全日空	1993/12/02	2018/12/27
JA8578	Boeing767-381	25658	全日空	1993/11/02	2017/08/31
JA8579	Boeing767-381	25659	全日空	1993/12/02	2018/12/11
JA8664	Boeing767-381ER (BCF)	27339	全日空	1994/10/20	現役運行
JA8669	Boeing767-381	27444	全日空	1995/03/02	2020/02/25
JA8670	Boeing767-381	25660	全日空	1994/05/10	2019/05/28
JA8674	Boeing767-381	25661	全日空	1994/06/16	2019/07/17
JA8677	Boeing767-381	25662	全日空	1994/08/25	2019/04/25
JA8970	Boeing767-381ER (BCF)	25619	全日空	1997/02/19	現役運行
JA8971	Boeing767-381ER	27942	全日空	1997/03/19	2021/01/15
JA8975	Boeing767-346	27658	日本航空	1995/06/12	2020/01/15
JA8976	Boeing767-346	27659	日本航空	1997/07/22	2020/12/23
JA8980	Boeing767-346	28837	日本航空	1997/09/16	2022/01/27
JA8986	Boeing767-346	28838	日本航空	1997/12/10	2020/05/15
JA8987	Boeing767-346	28553	日本航空	1998/02/17	2020/12/23
JA8988	Boeing767-346	29863	日本航空	1999/11/29	2021/12/21
JA01HD	Boeing767-33AER	28159	AIRDO	2000/04/27	2021/03/04
JA98AD	Boeing767-33AER	27476	AIRDO	1998/03/30	2021/02/01
JA601A	Boeing767-381	27943	AIRDO	1997/08/08	2022/01/17
JA601F	Boeing767-381F	33404	全日空	2002/08/29	2011/08/01
JA601J	Boeing767-346ER	32886	日本航空	2002/05/20	現役運行
JA602A	Boeing767-381	27944	AIRDO	1998/01/21	2021/12/17
JA602F	Boeing767-381F	33509	全日空	2005/11/29	現役運行
JA602J	Boeing767-346ER	32887	日本航空	2002/06/07	現役運行
JA603A	Boeing767-381ER (BCF)	32972	全日空	2002/05/17	現役運行
JA603F	Boeing767-381F	33510	全日空	2006/02/03	2011/02/01
JA603J	Boeing767-346ER	32888	日本航空	2002/06/18	現役運行
JA604A	Boeing767-381ER	32973	全日空	2002/06/27	2021/03/17
JA604F	Boeing767-381F	35709	全日空	2006/09/21	現役運行
JA604J	Boeing767-346ER	33493	日本航空	2003/04/23	2017/09/25

註冊編號	型號	製造編號	最後營運公司	註冊日期	註銷日期
JA605A	Boeing767-381ER	32974	AIRDO	2002/07/12	現役運行
JA605F	Boeing767-316F(WL)	30842	全日空	2014/04/30	現役運行
JA605J	Boeing767-346ER	33494	日本航空	2003/06/24	2017/03/27
JA606A	Boeing767-381ER	32975	全日空	2002/07/24	2021/02/12
JA606J	Boeing767-346ER(WL)	33495	日本航空	2003/08/15	現役運行
JA607A	Boeing767-381ER	32976	AIRDO	2002/08/09	現役運行
JA607J	Boeing767-346ER(WL)	33496	日本航空	2003/10/07	現役運行
JA608A	Boeing767-381ER	32977	全日空	2002/08/29	現役運行
JA608J	Boeing767-346ER(WL)	33497	日本航空	2004/03/03	現役運行
JA609A	Boeing767-381ER	32978	全日空	2003/04/02	現役運行
JA609J	Boeing767-346ER	33845	日本航空	2004/04/07	2018/01/25
JA610A	Boeing767-381ER	32979	全日空	2003/04/15	現役運行
JA610J	Boeing767-346ER	33846	日本航空	2004/09/22	現役運行
JA611A	Boeing767-381ER	32980	全日空	2003/07/28	現役運行
JA611J	Boeing767-346ER	33847	日本航空	2004/11/16	現役運行
JA612A	Boeing767-381ER	33506	AIRDO	2004/04/06	現役運行
JA612J	Boeing767-346ER	33848	日本航空	2005/03/08	現役運行
JA613A	Boeing767-381ER	33507	AIRDO	2004/08/06	現役運行
JA613J	Boeing767-346ER	33849	日本航空	2005/08/24	現役運行
JA614A	Boeing767-381ER	33508	全日空	2005/04/21	現役運行
JA614J	Boeing767-346ER	33851	日本航空	2005/12/22	現役運行
JA615A	Boeing767-381ER	35877	全日空	2007/01/31	現役運行
JA615J	Boeing767-346ER	33850	日本航空	2006/05/16	現役運行
JA616A	Boeing767-381ER	35876	全日空	2007/03/23	現役運行
JA616J	Boeing767-346ER(WL)	35813	日本航空	2007/04/20	現役運行
JA617A	Boeing767-381ER	37719	全日空	2008/09/01	現役運行
JA617J	Boeing767-346ER(WL)	35814	日本航空	2007/07/24	現役運行
JA618A	Boeing767-381ER	37720	全日空	2009/04/08	現役運行
JA618J	Boeing767-346ER(WL)	35815	日本航空	2008/02/15	現役運行
JA619A	Boeing767-381ER(WL)	40564	全日空	2010/09/01	2022/11/18
JA619J	Boeing767-346ER(WL)	37550	日本航空	2008/07/01	現役運行
JA620A	Boeing767-381ER(WL)	40565	全日空	2010/11/12	2022/12/16
JA620J	Boeing767-346ER(WL)	37547	日本航空	2009/02/10	現役運行
JA621A	Boeing767-381ER(WL)	40566	全日空	2011/01/18	2023/01/20
JA621J	Boeing767-346ER(WL)	37548	日本航空	2009/03/17	現役運行
JA622A	Boeing767-381ER(WL)	40567	全日空	2011/02/23	現役運行
JA622J	Boeing767-346ER	37549	日本航空	2009/05/07	現役運行
JA623A	Boeing767-381ER(WL)	40894	全日空	2011/03/30	現役運行
JA623J	Boeing767-346ER	36131	日本航空	2009/05/29	現役運行
JA624A	Boeing767-381ER(WL)	40895	全日空	2011/09/01	現役運行
JA625A	Boeing767-381ER(WL)	40896	全日空	2011/10/03	現役運行
JA626A	Boeing767-381ER(WL)	40897	全日空	2012/01/17	現役運行
JA627A	Boeing767-381ER(WL)	40898	全日空	2012/03/23	現役運行
JA631J	Boeing767-346F	35816	日本國際航空	2007/06/27	2010/11/10
JA632J	Boeing767-346F	35817	日本國際航空	2007/09/25	2010/11/05
JA633J	Boeing767-346F	35818	日本國際航空	2007/10/11	2010/09/29
JA651J	Boeing767-346ER	40363	日本航空	2010/10/01	2023/03/15
JA652J	Boeing767-346ER	40364	日本航空	2010/10/22	2022/07/15
JA653J	Boeing767-346ER	40365	日本航空	2010/12/15	現役運行
JA654J	Boeing767-346ER	40366	日本航空	2011/02/04	現役運行
JA655J	Boeing767-346ER	40367	日本航空	2011/07/29	現役運行
JA656J	Boeing767-346ER	40368	日本航空	2011/08/23	現役運行
JA657J	Boeing767-346ER	40369	日本航空	2011/10/21	現役運行
JA658J	Boeing767-346ER	40370	日本航空	2011/11/18	現役運行
JA659J	Boeing767-346ER	40371	日本航空	2011/12/15	現役運行
JA767A	Boeing767-3Q8ER	27616	天馬航空	1998/08/19	2008/06/18
JA767B	Boeing767-3Q8ER	27617	天馬航空	1998/10/28	2008/08/27
JA767C	Boeing767-3Q8ER	29390	天馬航空	2002/03/08	2008/01/09
JA767D	Boeing767-36NER	30847	天馬航空	2003/09/19	2009/10/01
JA767E	Boeing767-328ER	27427	天馬航空	2004/12/02	2007/09/04
JA767F	Boeing767-38EER	30840	天馬航空	2005/03/04	2009/04/28

— 787

註冊編號	型號	製造編號	最後營運公司	註冊日期	註銷日期
JA801A	Boeing787-8	34488	全日空	2011/09/26	現役運行
JA802A	Boeing787-8	34497	全日空	2011/10/14	現役運行
JA803A	Boeing787-8	34485	全日空	2012/08/23	現役運行
JA804A	Boeing787-8	34486	全日空	2012/01/16	現役運行

註冊編號	型號	製造編號	最後營運公司	註冊日期	註銷日期
JA805A	Boeing787-8	34514	全日空	2012/01/04	現役運行
JA806A	Boeing787-8	34515	全日空	2012/03/29	現役運行
JA807A	Boeing787-8	34508	全日空	2012/01/13	現役運行
JA808A	Boeing787-8	34490	全日空	2012/04/16	現役運行
JA809A	Boeing787-8	34494	全日空	2012/06/21	現役運行
JA810A	Boeing787-8	34506	全日空	2012/06/25	現役運行
JA811A	Boeing787-8	34502	全日空	2012/07/17	現役運行
JA812A	Boeing787-8	40748	全日空	2012/07/02	現役運行
JA813A	Boeing787-8	34521	全日空	2012/08/31	現役運行
JA814A	Boeing787-8	34493	全日空	2012/09/24	現役運行
JA815A	Boeing787-8	40899	全日空	2012/10/01	現役運行
JA816A	Boeing787-8	34507	全日空	2012/11/01	現役運行
JA817A	Boeing787-8	40749	全日空	2012/12/21	現役運行
JA818A	Boeing787-8	42243	全日空	2013/05/15	現役運行
JA819A	Boeing787-8	42244	全日空	2013/05/31	現役運行
JA820A	Boeing787-8	34511	全日空	2013/06/20	現役運行
JA821A	Boeing787-8	42245	全日空	2013/09/24	現役運行
JA821J	Boeing787-8	34831	日本航空	2013/11/05	現役運行
JA822A	Boeing787-8	34512	全日空	2013/08/21	現役運行
JA822J	Boeing787-8	34832	ZIPAIR Tokyo	2012/03/26	現役運行
JA823A	Boeing787-8	42246	全日空	2013/08/22	現役運行
JA823J	Boeing787-8	34833	日本航空	2013/08/29	現役運行
JA824A	Boeing787-8	42247	全日空	2014/01/08	現役運行
JA824J	Boeing787-8	34834	ZIPAIR Tokyo	2012/09/25	現役運行
JA825A	Boeing787-8	34516	全日空	2014/02/07	現役運行
JA825J	Boeing787-8	34835	ZIPAIR Tokyo	2012/03/26	現役運行
JA826J	Boeing787-8	34836	ZIPAIR Tokyo	2012/04/26	現役運行
JA827A	Boeing787-8	34509	全日空	2014/02/06	現役運行
JA827J	Boeing787-8	34837	日本航空	2012/04/26	現役運行
JA828A	Boeing787-8	42248	全日空	2014/02/21	現役運行
JA828J	Boeing787-8	34838	日本航空	2012/09/04	現役運行
JA829A	Boeing787-8	34520	全日空	2014/06/05	現役運行
JA829J	Boeing787-8	34839	日本航空	2012/12/21	現役運行
JA830A	Boeing787-9	34522	全日空	2014/07/28	現役運行
JA830J	Boeing787-8	34840	日本航空	2013/05/30	現役運行
JA831A	Boeing787-8	34496	全日空	2014/08/04	現役運行
JA831J	Boeing787-8	34847	日本航空	2014/03/18	現役運行
JA832A	Boeing787-8	42249	全日空	2014/08/15	現役運行
JA832J	Boeing787-8	34844	日本航空	2013/07/24	現役運行
JA833A	Boeing787-9	34524	全日空	2014/09/26	現役運行
JA833J	Boeing787-8	34846	日本航空	2013/12/17	現役運行
JA834A	Boeing787-8	40750	全日空	2014/08/21	現役運行
JA834J	Boeing787-8	34842	日本航空	2013/06/13	現役運行
JA835A	Boeing787-8	34525	全日空	2014/12/18	現役運行
JA835J	Boeing787-8	34850	日本航空	2014/03/31	現役運行
JA836A	Boeing787-9	34527	全日空	2015/04/22	現役運行
JA836J	Boeing787-8	38135	日本航空	2014/12/19	現役運行
JA837A	Boeing787-9	34526	全日空	2015/06/01	現役運行
JA837J	Boeing787-8	34860	日本航空	2014/11/25	現役運行
JA838A	Boeing787-8	34528	全日空	2015/05/21	現役運行
JA838J	Boeing787-8	34849	日本航空	2014/12/10	現役運行
JA839A	Boeing787-9	34529	全日空	2015/07/01	現役運行
JA839J	Boeing787-8	34853	日本航空	2015/01/20	現役運行
JA840A	Boeing787-8	34518	全日空	2015/07/31	現役運行
JA840J	Boeing787-8	34856	日本航空	2015/02/27	現役運行
JA841J	Boeing787-8	34855	日本航空	2015/06/29	現役運行
JA842J	Boeing787-8	34854	日本航空	2015/05/22	現役運行
JA843J	Boeing787-8	34859	日本航空	2016/01/29	現役運行
JA844J	Boeing787-8	38136	日本航空	2016/05/26	現役運行
JA845J	Boeing787-8	34857	日本航空	2016/06/30	現役運行
JA846J	Boeing787-8	35435	日本航空	2019/10/08	現役運行
JA847J	Boeing787-8	35436	日本航空	2019/11/27	現役運行
JA848J	Boeing787-8	35438	日本航空	2019/12/05	現役運行
JA849J	Boeing787-8	35437	日本航空	2020/03/19	現役運行
JA850J	Boeing787-8	35439	ZIPAIR Tokyo	2023/03/17	現役運行
JA861J	Boeing787-9	35422	日本航空	2015/06/10	現役運行
JA862J	Boeing787-9	34841	日本航空	2015/10/30	現役運行
JA863J	Boeing787-9	38137	日本航空	2016/02/22	現役運行

註冊編號	型號	製造編號	最後營運公司	註冊日期	註銷日期
JA864J	Boeing787-9	34858	日本航空	2016/06/01	現役運行
JA865J	Boeing787-9	38138	日本航空	2016/08/18	現役運行
JA866J	Boeing787-9	35423	日本航空	2016/12/02	現役運行
JA867J	Boeing787-9	34843	日本航空	2017/02/02	現役運行
JA868J	Boeing787-9	34845	日本航空	2017/03/24	現役運行
JA869J	Boeing787-9	35424	日本航空	2017/07/18	現役運行
JA870J	Boeing787-9	35425	日本航空	2017/09/22	現役運行
JA871A	Boeing787-9	34534	全日空	2015/07/28	現役運行
JA871J	Boeing787-9	34848	日本航空	2017/11/16	現役運行
JA872A	Boeing787-9	34504	全日空	2015/08/27	現役運行
JA872J	Boeing787-9	35428	日本航空	2018/05/17	現役運行
JA873A	Boeing787-9	34530	全日空	2015/09/30	現役運行
JA873J	Boeing787-9	34852	日本航空	2018/06/20	現役運行
JA874A	Boeing787-8	34503	全日空	2015/11/12	現役運行
JA874J	Boeing787-9	35429	日本航空	2018/07/24	現役運行
JA875A	Boeing787-9	34531	全日空	2015/11/24	現役運行
JA875J	Boeing787-9	38134	日本航空	2018/12/04	現役運行
JA876A	Boeing787-9	34532	全日空	2016/03/31	現役運行
JA876J	Boeing787-9	35430	日本航空	2019/01/24	現役運行
JA877A	Boeing787-9	43871	全日空	2016/03/22	現役運行
JA877J	Boeing787-9	35431	日本航空	2019/02/08	現役運行
JA878A	Boeing787-8	34501	全日空	2016/05/13	現役運行
JA878J	Boeing787-9	34851	日本航空	2019/12/12	現役運行
JA879A	Boeing787-9	43869	全日空	2016/07/21	現役運行
JA879J	Boeing787-9	35427	日本航空	2020/01/31	現役運行
JA880A	Boeing787-9	34533	全日空	2016/07/27	現役運行
JA880J	Boeing787-9	35426	日本航空	2020/02/07	現役運行
JA881J	Boeing787-9	66514	日本航空	2021/04/20	現役運行
JA882A	Boeing787-9	43872	全日空	2016/08/17	現役運行
JA882J	Boeing787-9	66515	日本航空	2021/04/23	現役運行
JA883A	Boeing787-9	43873	全日空	2016/09/06	現役運行
JA884A	Boeing787-9	34523	全日空	2016/09/21	現役運行
JA885A	Boeing787-9	43870	全日空	2016/10/03	現役運行
JA886A	Boeing787-9	61522	全日空	2016/10/25	現役運行
JA887A	Boeing787-9	43874	全日空	2016/11/22	現役運行
JA888A	Boeing787-9	43864	全日空	2016/11/07	現役運行
JA890A	Boeing787-9	34500	全日空	2016/12/09	現役運行
JA891A	Boeing787-9	40751	全日空	2017/04/18	現役運行
JA892A	Boeing787-9	34513	全日空	2017/06/13	現役運行
JA893A	Boeing787-9	61519	全日空	2017/07/26	現役運行
JA894A	Boeing787-9	34517	全日空	2017/09/21	現役運行
JA895A	Boeing787-9	61520	全日空	2017/10/02	現役運行
JA896A	Boeing787-9	34499	全日空	2017/12/01	現役運行
JA897A	Boeing787-9	61521	全日空	2018/07/26	現役運行
JA898A	Boeing787-9	40752	全日空	2018/03/28	現役運行
JA899A	Boeing787-9	34519	全日空	2018/10/01	現役運行
JA900A	Boeing787-10	62684	全日空	2019/03/29	現役運行
JA901A	Boeing787-10	62685	全日空	2019/07/01	現役運行
JA902A	Boeing787-10	62686	全日空	2022/10/18	現役運行
JA921A	Boeing787-9	43865	全日空	2019/05/29	現役運行
JA922A	Boeing787-9	43867	全日空	2019/08/02	現役運行
JA923A	Boeing787-9	61523	全日空	2020/08/15	現役運行
JA925A	Boeing787-9	61526	全日空	2021/04/28	現役運行
JA928A	Boeing787-9	61529	全日空	2020/03/19	現役運行
JA932A	Boeing787-9	43866	全日空	2020/03/31	現役運行
JA933A	Boeing787-9	61524	全日空	2020/08/05	現役運行
JA935A	Boeing787-9	66522	全日空	2022/11/24	現役運行
JA936A	Boeing787-9	66523	全日空	2021/09/16	現役運行
JA937A	Boeing787-9	66524	全日空	2021/11/04	現役運行

━ A330

註冊編號	型號	製造編號	最後營運公司	註冊日期	註銷日期
JA330A	Airbus A330-343E	1483	天馬航空	2014/02/28	2015/03/25
JA330B	Airbus A330-343E	1491	天馬航空	2014/02/28	2015/03/25
JA330D	Airbus A330-343E	1542	天馬航空	2014/07/29	2015/03/25
JA330E	Airbus A330-343E	1554	天馬航空	2014/09/11	2015/03/25
JA330F	Airbus A330-343E	1574	天馬航空	2014/11/28	2015/03/24

饒富趣味的

「全功能中型機外傳」

空巴Ａ３３０／Ａ３４０　vs　波音７６７／７８７

波音767及787和日本的飛機產業具有極為深厚的關係。

1980年代初期誕生的767至今仍在服役與生產，最新的787以第一架全功能客機的身分受到萬眾矚目，

現在也已經成為飛翔於日本天空的代表性機型。

另一方面，1991年秋季首次飛行的空巴A340，卻在不久之後就成為瀕臨滅絕危機的四發機，

隨後於2021年停產。而大約晚了一年才首次飛行的A330，則轉型成為最新的A330neo得以繼續生產。

A340的生產數僅止於380架，A330的交付架數卻達4倍以上。

現在，我們就來談談關於767及787、A330及A340的趣味軼事吧！

文=AKI

附設「展望台」的機體也上場了!?
空巴的公務噴射客機

空中巴士
A330篇

　有些客機是專供富豪階層使用的豪華客機，稱為商務噴射客機（executive jet）或公務噴射客機（corporate jet）等。空巴稱之為ACJ（Airbus Corporate Jets），波音稱之為BBJ（Boeing Business Jets）。在中型廣體客機方面，

空巴有ACJ330系列和ACJ340系列，波音雖然有787BBJ，很遺憾的沒有767BBJ。話雖如此，但767並非沒有公務噴射客機，只是波音本身不生產而已。事實上，將767改裝成公務噴射客機的企業不在少數。

▲▲ACJ330的VIP客艙配置例子。洋溢著濃濃的主管會議室氣氛。▲漢莎技術發表的ACJ330「探險家」想像圖。甚至裝配了「展望台」的超豪華規格。

把話題拉回到空巴吧！2023年春季，全球有77架A340在飛航中，其中拉斯維加斯金沙集團（Las Vegas Sands）、馬爾他的AirX包機（AirX Charter）、沙烏地阿拉伯的Sky Prime及Alpha Star等公司都使用A340作為公務噴射客機（ACJ）。例如，經常飛到日本的AirX包機ACJ340-500為100座，而一般的A340-500為270～310座，由此可知配置有多寬敞。此外，拉斯維加斯金沙集團的ACJ340-500只有36座，更是豪華。

但是，如果是A330可就更厲害了。在加勒比海的阿魯巴註冊的逸華阿魯巴航空（Comlux Aruba），其ACJ330座位數竟然只有15座！客艙簡直就像豪華的主管會議室，可以讓人體驗舒適的長程旅行，配置和一般客機截然不同。

2022年6月，漢莎技術（Lufthansa Technik）發表的「探險家」（Explor-er）簡直就像一架「在天空飛翔的豪華遊艇」。宛如大飯店的裝潢及設備自是不在話下，令人驚奇的是，機身前部可以像貨艙門一樣開啟，艙板從門口伸出一截。乘客可以站在上面，輕鬆優雅地四下走動眺望，稱得上是機場的最佳展望台吧！或許，「探險家」對於大富豪來說，就像是平民老百姓的露營車一樣的東西吧？

持續和波音爭奪客戶的多用途加油機A330MRTT

A330MRTT正在對早期警戒管制機E-7A進行空中加油。引進的國家及機構數量在持續增加中。

空巴的中型廣體客機在貨機領域陷入苦戰，但是在其他用途上大有斬獲。那就是多用途空中加油運輸機MRTT。除了英國、法國、西班牙、加拿大、澳洲、沙烏地阿拉伯、阿拉伯聯合大公國、新加坡、韓國、巴西之外，歐洲防務局（EDA，European Defence Agen-cy）也決定引進A330MRTT作為多國多

用途空中加油運輸機。此外，波蘭、荷蘭、挪威也選定MRTT，到了2022年底總共生產了56架。競爭對手波音KC-46則獲得美國空軍訂購128架，其中有68架已經交付。另外，日本和義大利各採購6架，以色列採購4架。在這之前還有KC-767，波音在數量上略勝一籌。但另一方面，KC-46由於加油系統（採用智慧型玻璃，但在烈日下使用會產生問題）及品質保證等方面的問題，蒙受重大的財務虧損。而有趣的是，美國正在進行一項KC-Y的競標案「Bridge Tanker Competition」作為銜接到全新世代空中加油機KC-Z的過渡機型。對此，大廠商洛克希德馬丁與空巴合作，提出以A330MRTT為基礎打造LMXT的方案（不過，洛克希德馬丁於2023年10月24日宣布放棄此項計畫）。

這個MRTT並沒有為空巴帶來重大損失，還持續在進化之中。空巴和新加坡空軍合作開發的A3R（automatic air-to-air refuelling，自動空中加油系統）成為全球第一個取得西班牙國家航空太空技術研究所的認證，並藉此朝智慧型MRTT邁出一大步。已經獲得澳洲等國的合約，2023年中完成實驗，預定2024年中期使用A310進行驗證測試。A330和767在多用途空中加油運輸機領域的纏鬥似乎仍然沒完沒了。

出租MRTT給空軍的民營企業
也向民間提供包機航班

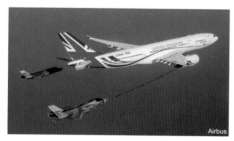

民用機的租賃公司很多，英國的空中加油機服務如其公司名稱所示，把空中加油機租給空軍。並且還活用剩餘的機材，租給廉價航空公司。

如今，飛機租賃已經是相當普遍的商業行為，根據航空數據分析公司睿思譽（Cirium）於2022年9月公布的資料，2022年租機的比例占了全體的51％，超過一半以上。一般的租賃公司把新造飛機和二手飛機租給航空公司，但居然也有一些公司，不只把機體租給軍方，並且運用軍方儲備的租賃機體，飛航民間的包機航班，真是令人訝異。以日本為例，就有廉價航空公司出租機體給航空自衛隊，當自衛隊沒在使用時，就當作民用包機航班。

最早開始這種令人訝異的生意，是2007年成立，2013年開始營運飛航的英國空中加油機服務（AirTanker Services）。顧名思義，這家公司出租多用途空中加油機A330MRTT給英國空軍，機體稱為「旅行家」（Voyager）。這也是英國空軍給MRTT取的名字。

如前所述，空中加油機服務所開拓的生意，是運用空軍儲備的A330MRTT執飛民間的包機航班。為此，取得了英國民用航空管理局（CAA，Civil Aviation Authority）對20座以上客機飛航所要求的A型飛航許可。機體配置成全部經濟艙327座，租給廉價航空公司捷途航空投入飛航。

這種獨特的生意乃依據英國國防部和空中加油機服務簽訂的合約實施。英國國防部的目的在於維持空軍的運輸能力及空中加油能力，但對於空中加油機服務的好處則在於除了租賃之外，還能使用英國空軍的機體提供載運旅客及貨物。最早於2013年1月執行的第一次包機飛行並非提供給民間，而是載送國防部長到塞普勒斯。後來，將機體出租給湯瑪斯庫克（Thomas Cook）及神鷹（Condor）等大型旅行社。除了飛往墨西哥及加勒比海的包機航班，同時也從事空軍基地（例如福克蘭群島等等）之間的定期運輸等業務。在湯瑪斯庫克倒閉後的2022年夏天，捷途航空把它用於飛往西班牙等地的旅遊包機，但機體繪上捷途航空的圖案。現在有4架A330在使用中，不過這4架全都登錄為民用客機，並沒有裝配空中加油系統。

空中巴士 A340篇 暗地裡的救世主「貨運客機」是什麼？因新冠肺炎疫情而活躍於貨運界的A330/A340

Aki Archive

由於新冠肺炎疫情而大肆活躍的「貨運客機」。馬列斯航空的A340-600也加上了表示感謝NHS對抗新冠肺炎疫情的特別塗裝上場。

在新冠肺炎疫情擴大到全世界的2020～2022年，往來各國的旅客需求銳減，引發令人困惱的問題。以往有一半以上的空運貨物放在客機的機腹貨艙一起運送，但隨著客機航班大為減少，航空貨運也連帶著無法運送。根據國際民航組織（International Civil Aviation Organization, ICAO）公布的資料，在新冠肺炎疫情逐漸惡化的2020年春季，國際旅客航班幾乎為零，國內旅客航班也減少了約2成。因此，導致了「貨運專用機」以及把客機當成貨機使用的「貨運客機」大肆活躍。「貨運客機」的消防設備並不充足，在飛航上受到一定限制，但如果沒有「貨運客機」的話，勢必無法克服新冠肺炎疫情帶來的空運貨物的危機吧！

在這類的「貨運客機」之中，A340、A330都成了耀眼的明星。尤其是設籍於地中海的小島馬爾他的機體更是引人注目。提供飛機租賃等服務的馬列斯航空於2020年秋季租用A340-600（註冊編號9H-EAL），在6月進行了以「Thank You NHS[※]」（NHS是英國國民保健服務National Health Service 的簡稱）為塗裝主題的飛行。其後也作為歐洲貨運（European Cargo）的貨機而營運良好。

此外，天空樞紐航空（Airhub Aviation）（A330、A340）、高飛馬爾他（Hi Fly Malta）（A330）等馬爾他的企業也都營運「貨運客機」。其他，還有義大利半島中北部小國聖馬利諾的聖馬利諾商務航空（San Marino Executive Aviation）等等，也在運航不知名的「貨運客機」。甚至，英國泰坦航空的喬達空中網路（Geodis Air Network）（A330）、為中國宏遠集團提供航班服務的比利時航空（A330、A340）、西班

牙的瓦莫斯航空（Wamos Air）（A330）、西班牙郵政（Correos）（A330）等等都使用A330或A340運航「貨運客機」。除此之外，從2020年秋季起，匈牙利的大廉價航空公司維茲航空（Wizz Air）從匈牙利外務貿易部租用1架A330F，塗上「HUNGRAY」的圖

案飛航。印度的廉價航空公司香料航空（Spice Jet）也租了1架A340「貨運客機」。在新冠肺炎疫情的禍害下，貨物運輸的主力當然是大型貨運航空公司及大型貨運公司等等，但名不見經傳的業者及廉價航空公司的A330/A340「貨運客機」也可算是暗地裡的救世主吧！

變身為最尖端的層流翼研究機
主翼大改造的A340一號機

飛機在飛行之際，會在機體的表面產生空氣的流動，不規則混亂的氣流稱為亂流，穩定有序的氣流稱為層流。亂流的摩擦阻力較大，壓力分布平均的層流摩擦阻力較小。也就是說，如果能讓主翼形成層流，便可望提升燃油效能，有利飛機飛行。可惜的是，絕大多數氣流都是亂流。

因此，空巴在2017年響應EU的「清潔天空」（Clean Sky）計畫，開始研究能夠維持層流狀態的自然層流翼（natural laminar flow wing），這項研究計畫稱為「刀鋒」（BLADE，Breakthrough Laminar Aircraft Demonstrator in Europe，歐洲層流驗證機）。1991年秋季首次飛行的A340一號機（註冊編號F-WWAI），在兩片主翼的翼尖安裝掠角較淺的層流翼，從2017年至2018年期間進行驗證

為了從事自然層流翼的研究與開發，把A340一號機改造而成的BLADE。奇特的翼尖形狀極為醒目。

飛行。結果得知，使用層流翼飛行距離1480公里，能削減約5%燃料，整體的阻力降低達15～25%。計畫結束之後，F-WWAI從2019年夏季起，停放在法國的塔布盧爾德庇里牛斯機場（Tarbes–Lourdes–Pyrénées Airport）。

後來啟動新的計畫「清潔航空」（Clean Aviation），這次決定進行油電混合飛機及氫能飛機等的研究，但驗證機從A340改為新世代的A380。

化為泡影的ANA A340是超稀有飛機？
生產總數只有1架的飛機A340-8000

A340這個機型，日本的航空公司連1架都沒有用過。但在1990年，ANA曾經訂購了35架新型機（總額在當時為58億美元），包括確定訂購15架波音777，

保留訂購權10架，同時訂購了5架空巴A340，保留訂購權5架。

ANA於1986年開始投入定期國際航線，當時才過沒幾年，正處於努力追趕

ANA超長程型A340-8000有如幻影。這個機型只生產了1架,後來作為沙烏地阿拉伯的行政專機使用。

競爭對手JAL的時期。在前一年的1989年,ANA開設倫敦航線作第一條歐洲航線,正打算進一步擴大更多航線,可能因此才特地訂購歐洲生產的空巴客機。當初預計1995年接收第一架,但後來生產計劃延期。到最後A340還沒有正式發表就被取消了,反倒是ANA引進了日本第一架A321。

ANA訂購的A340是稱為A340-8000的機體,這是專門為了汶萊蘇丹包奇亞(Bolkiah)開發的超長程A340-200衍生機型。啟動客戶是1993年下單的德國漢莎航空。藉著增設加油箱,續航能力從普通A340-200的6700海里延長到8000海里,因此稱為8000型,但實際上只生產了1架,那就是1997年12月首次飛行,生產編號為204。次年11月交付給汶萊政府,2002年8月在漢莎技術登錄為D-ASFB,2007年2月起由沙烏地阿拉伯政府登錄為VIP客機而飛航。現在的註冊編號為HZ-HMS2。

ANA引進A340被迫延期的背後原因,也有可能是受到A340-8000開發延遲的影響,不過夢幻的深藍色(Triton Blue)A340,可能因此變成超稀有的A340。

改造成奇特外表的767 是用途令人不安的軍用飛機

由767改造的擁有奇特外觀的AST。現在已經退役了,存放在沙漠中的機場。

如果要說在波音767的眾多衍生機型當中,哪一款改造得最奇特,應該是會讓許多人聯想到「外星人」的AST(Airborne Surveillance Test Bed)吧!這是由波音767原型機(N767BA)改造而成的測試平台機。在馬紹爾群島的瓜加林環礁(Kwajalein Atoll)有一個飛彈發射場,AST的目的之一,便是監視該處的洲際飛彈發射及彈道重返大氣層的情況。

1995年秋季,波音國防與太空集團(Boeing Defense and Space Group)獲得當時的美國陸軍太空戰略國防司令部(Army Space and Strategic Defense Command)關於AST的預算,進行機體的改造及裝備系統的開發等等,後來直到2000年代初期都有獲得預算。

令人聯想到「外星人」或「隆頭魚」的機身前部的突瘤也稱為「穹頂」(cupola),長度達到86英尺(約26公尺)。這個部位裝配有收納大型長波長紅外線(LWIR)感測系統等多個AST感測器的艙房。感測器是美國雷神公司的攔截搜索器(interceptor seeker),也安裝有中波長紅外線(MWIR)照相機,機內裝配有美國平行電腦(Concurrent)

TurboHawk的多CPU飛行控制電腦等數據處理器及GPS處理器、美國視算科技（Silicon Graphics）的工作站、數據記錄裝置、操作主控台等等。順帶一提，絕大部分程式使用美國國防部於1979年開發的Ada和C++。

AST除了瓜加林環礁飛彈發射場之外，也運用於太平洋飛彈發射場、伊斯坦（Eastern）測試發射場、白沙（White Sands）飛彈發射場、瓦勒普斯（Wallops）飛行設施等處，實施許多收集資料，驗證性能的任務。

AST退役後，從2003年起停放於加州維克多維爾機場（Victorville Airport）。不過，由於機體的保存狀態不太良好，所以這架怪到極點的767改造機恐怕再也不會起飛了，真是遺憾！

ANA是亞洲第一個下單767
為何最早引進的是中華航空

波音767於1981年9月首飛，但在大一年後才由聯合航空開始運航。最早的767是以機身較短的767-200提供3級艙168座投入市場。767的啟動客戶是聯合航空等美國大型航空公司，筆者於1983年春季拜訪埃弗里特工廠時，看到裡面並排著即將交付給聯合航空、美國航空、達美航空的767-200。但在一開始的時候，767的訂單卻遲遲無法成長。在1978～1979年期間，尚且分別有49、45架的佳績，但是1980年的訂購數只有11架，1981年5架，1982年更只有2架。在此時為767的銷售注入一股活水的就是ANA的20架（767-200）訂單。

另一方面，767-200是從1982年開始交付，這一年交付了20架，但絕大多數是交付給美國的大航空公司及加拿大航空。訂購20架的ANA直到隔年的1983年4月，才接收到第一架767-200。任誰都會認為亞洲第一個收到767-200的航空公司一定是ANA。然而，在前一年的1982年12月20日下午，晴朗的羽田機場卻降落了一架767-200，既不是波音的展示機，也不是交付給ANA的機體，而

亞洲第一個訂購767的航空公司是ANA，但為什麼第一架交付給中華航空呢？詳細原因不太清楚，但約在7年後賣給其他公司。

是編號B-1836的中華航空全塗裝機體。當然，這也是全亞洲第一架767。中華航空於次年7月接收第二架767-200，其後，兩架767於1989年底賣給紐西蘭航空，僅僅7年就從機隊中消失了。順帶一提，以環球航空的塗裝為基底的767展示機飛到羽田機場是1983年2月的事情。也就是說，中華航空的767-200一號機比波音的展示機和ANA一號機更早飛到羽田機場。

為什麼中華航空第一個接收到767-200呢？其中原因至今未明。1982年8月，美國和中國發表聯合公報，美國承認中華人民共和國政府為中國唯一合法政府，或許因此和臺灣之間達成一些什麼吧？如果有人知道，請告訴我。

767超越787和777的稀奇現象
新冠肺炎疫情導致交付架數逆轉

Boeing

持續成為超長銷客機的767系列。雖然民用型已經停止生產了，但軍用型KC-76仍將繼續生產一段時間。

截至2023年春季為止，波音767系列收到1392架的訂單。在波音的客機當中，這是僅次於707、757第三少的數量，而且生產數還被後來開發的777和787迎頭趕上。另外，在新機的交付期方面，開發出多種衍生機型的737系列和747系列，分別長達56年、54年，而767系列排名第三，只有41年。其中747系列已經在2023年停產，不會再延續了，至於767這邊，由於FedEx及UPS新訂購貨運型767，直到2020年後半期仍在持續生產。再加上根據2023年3月的消息，美國空軍決定採購75架KC-46，預定在2029年之前陸續交付。這麼一來

到2029年為止，包括KC-46在內，767系列的交付期將可達到47年。想要超越擁有新型MAX的737系列或許有些難度吧！但是在第四代客機當中，確實算得上是長銷機型。

另外，觀察新冠肺炎疫情期間的交付數量，可以看出一些很有趣的事實。在新冠肺炎疫情之前，777交付數量較多的時候，一年可達到將近100架。787甚至可超過150架以上。而767即使在最多的時候，一年也不到30架。由此可以明顯看出777和787的強勢。然而，新冠肺炎疫情開始之後，形勢頓時一變。777系列的交付數量一年只有20架左右，787也因為製造上發生問題等因素，減少到10～30架。但767卻能有30架左右，較多的時候甚至增加到40架以上。由於新冠肺炎疫情的影響，中大型機的市場遭到嚴重打擊，但等疫情帶來的影響逐漸好轉之後，767能否持續這個聲勢，仍有待觀察。

降落在南極的767原本是天馬航空的客機

2019年11月12日，英國泰坦航空的波音767-300ER（註冊編號G-POWD）降落於南極的俄羅斯新拉扎列夫站（Novolazarevskaya Station）。新拉扎列夫站是舊蘇聯時代於1961年1月開設的基地。泰坦航空接受開普敦的國際南極物流中心（Antarctic Logistics Centre International, ALCI）的委託，到2020年2月為止，利用767和757實施6個航班的南

極飛行，從開普敦運送物資等等。

這個新拉扎列夫站有一條長3000公尺、寬60公尺的冰上跑道，稱為「藍冰」（Blue Ice）。雖然跑道路面做了溝槽以求增加摩擦力，但767和757仍然安裝了延長腳，用於吸收著地時的衝擊。順帶一提，南極飛行所使用的767也是泰坦航空唯一營運的767，它原本是天馬航空所營運的JA767D，從2003年秋

季起飛航了約6年。在當時，泰坦航空的767是降落於南極的最大客機。

第一架降落於南極的客機是冰島航空的757。2015年11月，為了確認客機能不能降落於南極，實施了這趟南極飛行。此外，冰島航空在2021年2月也使用767實施了飛往挪威卓爾站（Troll Station）的飛行。

另一方面，最早飛抵南極的空巴客機是高飛馬爾他的A340（註冊編號9H-SOL），2021年11月2日降落在南極的沃夫斯芳（Wolf's Fang）。這架9H-SOL是A340-313HGW（high gross

天馬航空的註冊編號JA767D的767-300ER。後來轉移到泰坦航空，投入飛往南極的航班。

weight，高總重），最大起飛重量275公噸。因此，現在，降落於南極的最大機體不是767，而是A340。不過，飛往南極的飛行數則以波音的767和757居冠。

「達美精神」員工贈送公司的767

美國的大型運輸業者達美航空素以經營階層與從業人員的關係良好著稱，而這種良好關係的具體表徵之一，就是1982年10月交付的波音767-200，註冊編號N102DA。

在N102DA交付的1980年代初期，美國的景氣低迷、燃料價格高漲，對於航空業界來說是個相當艱困的時期。這一年，達美航空遭逢35年來首次的淨虧損，公司的財務狀況極端惡化，此時有3位客艙服務員發起「767計畫」，主旨是由員工贈送一架767給公司。最後，由達美航空的員工聯合募集3000萬美元，誕生一架命名為「達美精神」（Spirit of Delta）的767客機。在機身的「DELTA」文字前，清清楚楚地加上「Spirit of Delta」的標語。N102DA的贈送典禮有7000位員工參加，並且從亞特蘭大飛往佛羅里達州坦帕執行首次飛航。

在亞特蘭大的達美博物館保存展示的「達美精神」。這架機體由員工贈送給公司，以表示支持經營上陷入困境的公司。

後來，N102DA也披上許多種不同的特別塗裝執飛，例如1996年亞特蘭大奧運的塗裝、2004年4月至2006年2月達美航空成立75週年紀念的特別塗裝。2006年2月再度改回交付時的塗裝，隔月從第一線退下，停放於該公司的基地亞特蘭大機場。到了5月移至達美博物館，直到今天仍然放在該博物館中慎重地保管展示。

更加魔性改造的機體&換裝發動機
浮現又消失的「767X」計畫

截至目前為止，767至少出現過兩個「767X」，其中之一就是比前述看似「外星人」的AST機更加魔性改造的機體。1986年開始研議，打算設計一種容量介於當時747和767之間的機體。已經在飛航中的747-300標準座位數為400座，才剛飛航沒多久的767-300為260座左右，因此介於兩者之間的「767X」至少必須增設70座左右才行。而且這項研議受到幾個條件的限制，例如並沒有打算開發全新的機體、能夠運用當時的波音的組裝生產線等等。結果，波音的設計團隊想出把767後部做成兩層樓的奇特機形。在某個意義上，這是和機身前部突出一個瘤的AST相反的樣式。

但是，這個魔性改造的「767X」並沒有實現，原因之一在於緊急逃生（90秒規定）的問題。事實上，似乎波音的技術人員也不認為這種奇特樣式的機體能夠安穩飛行。結果，這個「767X」的構想被轉併到777。

另一個「767X」則是最近的事情。這項計畫與波音的新中型機（New Mid-size Aircraft, NMA）有關。NMA以中型市場（Middle of Market, MoM）為目標，是波音打算拿來對抗A321XLR等的機型，日本國內的飛機產業也對這項計畫投以高度的關注。

2019年10月，航空專業媒體「Flight Global」報導了波音內部正在研議「767X-F」機體的消息。這項計畫以767-400ER為基礎，但是把發動機換成GEnx。名稱中有「F」，因此猜想可能是貨機，但似乎也在研議客機型。也就是「767X」。

不過，波音由於737MAX停航、後來疫情擴大的影響，還有787停止出貨等因素，財務非常嚴峻，後來就沒有再傳出關於這個換裝發動機計畫細節的報導。有人認為如果把發動機換成GEnx，重量增加且油耗頂多只能改善10％左右，或因為它是以座位數為240～300座的767-400ER為基礎，所以市場將會和787-8的市場部分重疊。而最重要的是，似乎沒有任何客戶表現出對「767X」有興趣。雖然「767X」始終未能實現，但未來會不會又有新的「767X」呢？

曾經有望成為新型電子戰機的767
歷經波折最終成為巴林政府的VIP客機

觀察俄烏戰爭即可明瞭，現代是電子戰的時代。即使世界最強的美軍也運用了許多電子戰機，例如E-3「哨兵」（Sentry）早期警戒管制機（Airborne Warning and Control System, AWACS）及E-8「聯合星」（Joint STARS，Joint Surveillance Target Attack Radar System，聯合監視目標攻擊雷達系統）等等。追根究柢，E-3和E-8都是以波音707為基礎的機體，首次飛行分別在1976年、1988年，可說相當老舊了。

因此在2003年的時候，波音、諾斯洛

普·格魯曼、雷神等公司組成的團隊，獲得一份價值2億1500萬美元的合約，用於開發E-10MC-2A（Multi-Sensor Command and Control Aircraft，多傳感器指揮控制飛機）。這份合約是系統開發及驗證之前研究開發（pre SDD：System Development and Demonstration，系統開發與演示）的預算，但已經選定767-400ER作為E-10的原型機。

但是計畫才剛開始沒有多久，就發現若要把E-3和E-8雙方的能力統整於E-10，裝載系統之間會互相干擾，並沒有那麼容易。因此，打算把E-10分拆成3個版本，各別強化其能力。但是到了2007年，E-10的預算遭到刪減，計畫也從SDD變更成TDP（Technology Development Program，技術開發計畫）。最後，E-10的預算幾乎全部被刪除，只保留MP-RTIP（Multi-Platform Radar Technology Insertion Program，多平台雷達

Yuta Warrence

曾經飛抵日本的巴林政府專機A9C-HMH，這架機體原本是用於開發最新電子戰機。

技術插入計畫）及其衍生機型系統的開發預算。亦即就飛機而言，以767-400ER為基礎開發E-10的原型機計畫已經取消了。

至於那架為了E-10而製造的767-400ER機體，在計畫取消後，2009年1月賣給巴林皇家航空（Bahrain Royal Flight），於2011年之前把機艙改裝成VIP客機，現在正作為巴林政府的行政專機（註冊編號A9C-HMH）飛航中，也曾數次飛抵日本。

短期間內消失的超稀有特別塗裝787 現在隸屬孟加拉航空

波音787篇

2019年8月，波音的埃弗里特工廠出現了一架塗裝氣派的787。這架原本是香港航空（母公司為HNA海航集團）於2017年秋季訂購的機體，後來取消訂單，於是特別塗裝機 ——「夢想起飛」（Dreams take flight）問世。

這架「夢想起飛」是波音員工組成的世界最大級，擁有60年以上歷史的員工社群基金（Employees Community Fund of Boeing, ECF）的宣傳塗裝機。機體採用前所未見的粉紅及紫的漸層塗裝，除了「DONATE」（捐贈）的文字及「＄」（美元）的符號，還有愛

AKI Archive

短期間內就消失蹤影，以至於非常稀有的特別塗裝機「夢想起飛」，後來賣給孟加拉航空。

心、手掌、襯衫等各式各樣的圖案，充滿歡樂的氣息。這個塗裝全部都是包膜而成，真是令人驚歎！

但是，想要看到這架特別塗裝機並不容易，在波音舉辦的高爾夫大賽「波音

經典賽」（Boeing Classic，波音菁英賽）能看到它飛掠上空的英姿，除此之外，大概只有9月16日～22日舉行的「波音飛行的未來」（Boeing Future of Flight）參觀活動，以及11月舉辦的杜拜航空展（Dubai Airshow）。在杜拜航空展中，「夢想起飛」進行了完美的展示飛行，但當時已經決定賣給孟加拉航空。在11月儘快剝除包膜之後，立刻改成孟加拉航空的塗裝，在當年的耶誕夜飛抵達卡國際機場（Dhaka International Airport）。最後「夢想起飛」成為一架限期的超稀有特別塗裝機，留存在人們的記憶中。

安身之處終於確定了？
原墨西哥政府的787VIP客機

因為超過重量而被航空公司拒收的初期787其中一架。命運坎坷，也曾長期存放在沙漠中，最後總算在塔吉克找到安身之處。

和人生一樣，有時候飛機也會歷經各種波折。2010年10月4日首次飛行，編號6的787就是這樣的一架飛機。

第一場悲劇是初期的787固有問題。第一架全功能客機787從一開始就發生各種問題，其中之一是機體的強度不足，必須補強導致機體重量比當初設計的規格更重。以第一架來說，增加了9.8公噸。787-8的飛航空重為120公噸，所以增加了8%以上。如今放在日本的中部國際機場展示的一號機，顯然無法達成目標預設的油耗。

後來的機體雖然超過的重量減少了，但編號1～6的機體仍然沒有達到商業飛行的標準。因此，提供給ANA的編號2的787存放在亞利桑納州圖森市的皮馬航空太空博物館（Pima Air & Space Museum），以ANA的塗裝展示。事實上，編號1～6的機體當中有5架不是送進博物館展示，便是作為測試平台機，不然就是廢棄了。只有編號6的787交付給墨西哥政府作為VIP客機使用。據說價格為290億日圓左右，和當時的標價相差無幾。

這架墨西哥的VIP客機（註冊編號XC-MEX），取了一個和墨西哥獨立革命有關的名字「José María Morelos y Pavón」，在機艙內部改裝成VIP樣式之後，於2016年2月交付給墨西哥空軍。但是，飛航時間還不到3年，2018年新上任的總統歐布拉多（Andrés Manuel López Obrador）在競選時承諾把這架行政專機賣掉。

因此，編號6從該年底移送到加州維克多維爾存放。後來，在維克多維爾和墨西哥市之間往返好幾次，從2023年春季開始存放在加州聖伯納迪諾國際機場（San Bernardino International Airport），可真是漂泊不定啊！雖然墨西哥政府千萬百計想把這架787賣掉，但這架歷經滄桑的機體恐怕難逃廢棄的命

運吧！

但是當上帝關閉一扇門，必定為你打開一扇窗。2023年4月，這架機體以大約123億日圓賣給塔吉克政府，價格只有購入金額的一半左右。塔吉克的索蒙航空用它作為VIP客機（註冊編號EY-001）。5月14日，美國的諾馬迪克航空（Nomadic Aviation）把塔吉克政府的全塗裝787，從加州聖伯納迪諾國際機場運送到塔吉克的杜尚別國際機場（Dushanbe International Airport）。5月中旬，作為塔吉克的政府專機飛往在西安市舉辦的中國中亞高峰會，完成首次飛航。

人道支援的象徵 —— 皮內洛的私人787

世界各國的航空公司，在機體上描繪該國偉人、名人等圖案並不稀奇。在2023年年初，就出現了一架787，機體上描繪和2022年伊朗「頭巾革命」有關的人物圖案。這架787是1956年出生於義大利的熱那亞（Genova）的阿根廷知名電影導演兼演員皮內洛（Enrique Pineyro）所擁有的飛機。皮內洛多才多藝，不僅是阿根廷航空公司（Líneas Aéreas Privadas Argentinas, LAPA）的機師，也是該國的航空事故調查官，現在則是全球聞名的人道支援活動家。

2021年2月，皮內洛取得原墨西哥國際航空（AeroMexico）的787。雖然是由以VIP客機聞名的逸華航空負責營運，但皮內洛本人也能駕駛這架飛機。事實上，2022年5月美國拜登總統訪問日本時，這架787也作為隨行記者團的專機（P4-787）飛抵日本橫田基地。

2022年7～8月，在機體前部貼上反對俄羅斯入侵烏克蘭的標語「No War/Нетвойне」（反對戰爭）的大型貼紙飛行。皮內洛於2022年春季自己握著駕駛桿，搭載數百名烏克蘭難民從波蘭飛往義大利。

此外，他和西班牙等多個難民關懷團

知名的人道救援活動家皮內洛所擁有的787。左舷尾翼上繪有對於伊朗人權問題深具象徵意義的艾米尼圖像。

體合作，設立一個名為「solidaire」（支持）的組織。2022年9月至2023年1月，把這架787加上「solidaire」的塗裝飛行。

2022年9月13日，伊朗一名女性艾米尼（Mahsa Amini）因為頭巾的佩戴方式未符合政府規定，被道德警察逮捕，3天後在獄中疑因受虐而死亡，引發伊朗民眾大規模抗議示威，稱為「頭巾革命」。其後，這架787在左舷繪上艾米尼的圖像，右舷則繪上參加頭巾革命遭到逮捕被判刑的伊朗足球運動員阿扎達尼（Amir Nasr-Azadani）的圖像。皮內洛的787成為人道支援的象徵，在世界各地飛行。

Tokio Sato

Airbus

【世界飛機系列11】

波音787&767 VS 空中巴士A330&A340
全功能中型機躍升天空的主角

作者／イカロス出版

翻譯／黃經良

特約編輯／王原賢

編輯／林庭安

發行人／周元白

出版者／人人出版股份有限公司

地址／231028新北市新店區寶橋路235巷6弄6號7樓

電話／(02)2918-3366 (代表號)

傳真／(02)2914-0000

網址／www.jjp.com.tw

郵政劃撥帳號／16402311人人出版股份有限公司

製版印刷／長城製版印刷股份有限公司

電話／(02)2918-3366(代表號)

香港經銷商／一代匯集

電話／（852）2783-8102

第一版第一刷／2024年11月

定價／新台幣500元

　　　港幣167元

國家圖書館出版品預行編目資料

波音787&767 VS 空中巴士A330&A340：全功能中
型機躍升天空的主角／イカロス出版作；
黃經良翻譯. -- 第一版. -- 新北市：
人人出版股份有限公司，2024.11
面；　公分・－（世界飛機系列；11）
ISBN 978-986-461-411-0（平裝）

1.CST：民航機

447.73　　　　　　　　　　　113014565

ALL ROUND CHUGATAKI BOEING 787&767 VS
AIRBUS A330&A340
© Ikaros Publications, LTD. 2023
Originally published in Japan in 2023 by Ikaros
Publications, LTD., TOKYO.
Traditional Chinese Characters translation rights
arranged with Ikaros Publications, LTD., TOKYO, through
TOHAN CORPORATION, TOKYO and KEIO CULTURAL
ENTERPRISE CO., LTD., NEW TAIPEI CITY.